U0051890

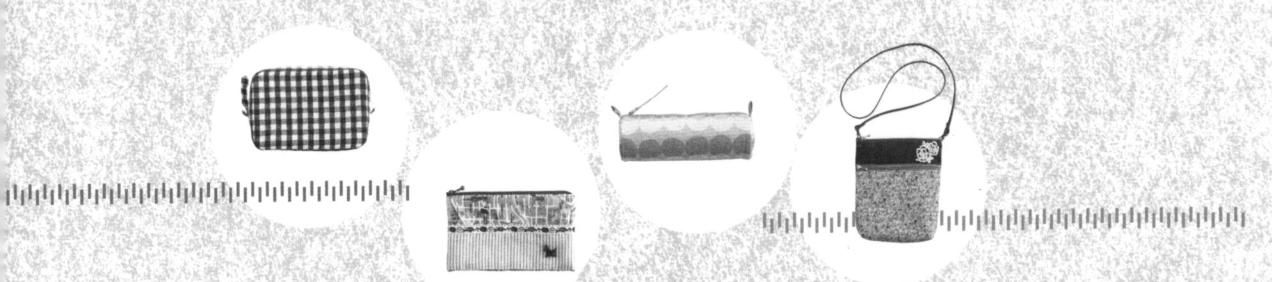

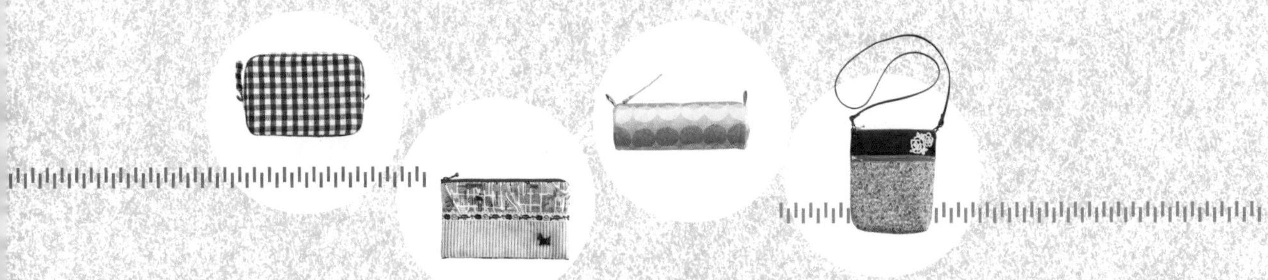

完美晉升手作職人の必藏教科書

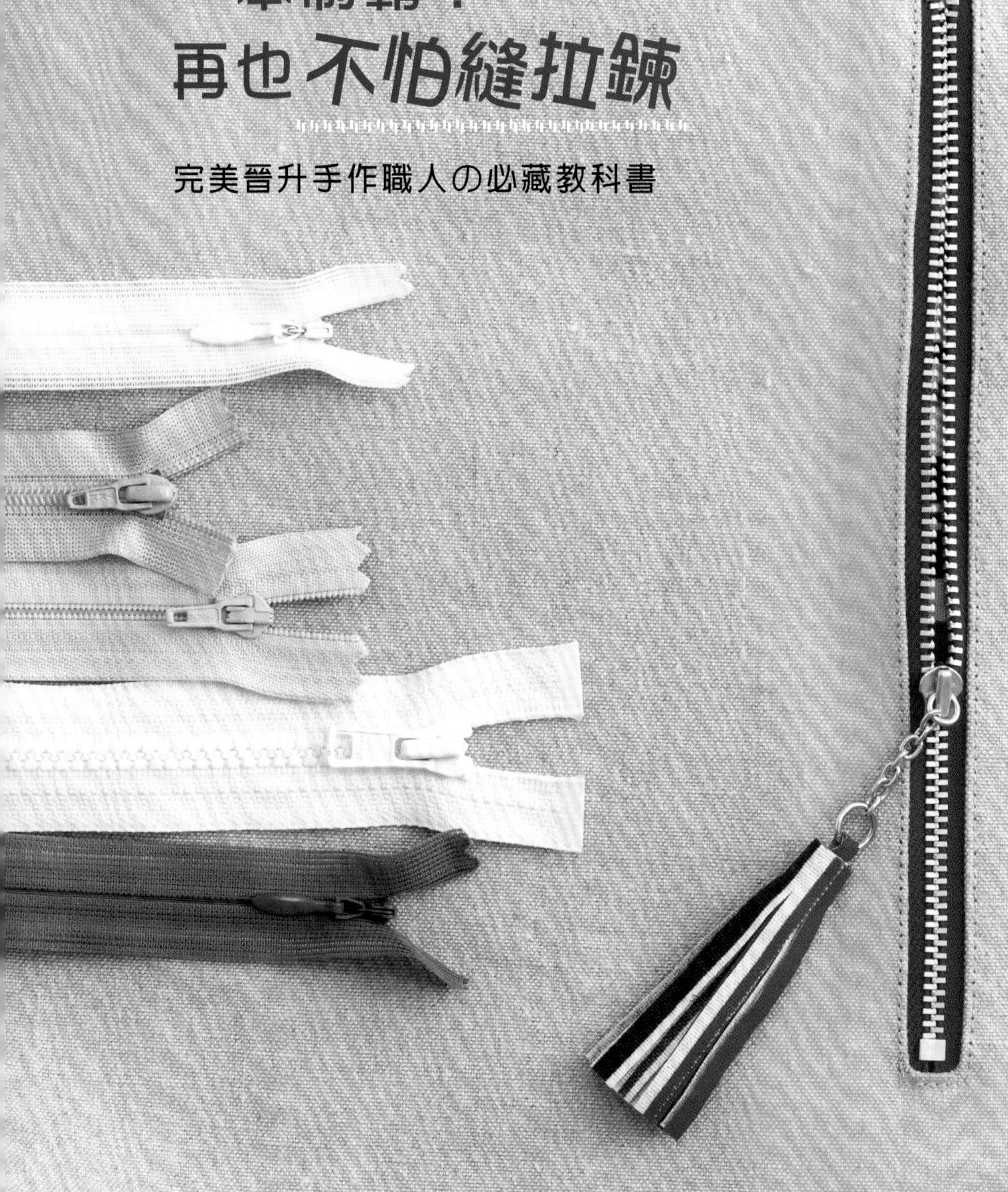

Contents

Step 1

認識拉鍊

Basic

Step 2

波奇包&手作包

Lesson

Step 3

衣・褲・裙・洋裝

Lesson

- 本書使用的FLATKNIT®拉鍊、EFLON®拉鍊、VISLON®拉鍊、CONCEAL®拉鍊為YKK株式會社產品。
- 本書在說明時主要是以YKK株式會社的拉鍊為例，若是使用其他公司的商品，有時內容會不適用。
- 本書內容是以一般的布料與使用方法為前提，依布料的性質或形狀或會有不適用的狀況。
- 當拉鍊經過長度調整、暫時固定或整燙等作業，就無法再更換、退貨或修理等，請注意。

拉鍊 為什麼會開合？

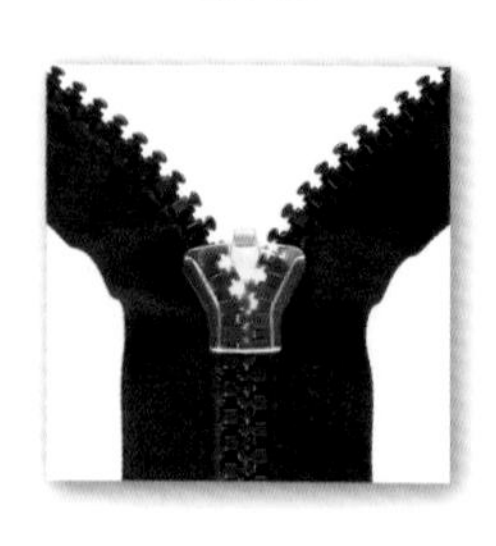

滑動拉鍊上的拉頭（附拉片的滑動裝置），左右布帶上的鍊齒就會如圖折彎，然後像齒輪一樣緊密咬合，關上拉鍊。若反向滑動，鍊齒就會分離，打開拉鍊。其雛型是美國人懷康・加迪森（Whitcomb Judson）為解決綁鞋帶的不便而構思出來的。

Fastener, Zipper, Chack 有何不同？

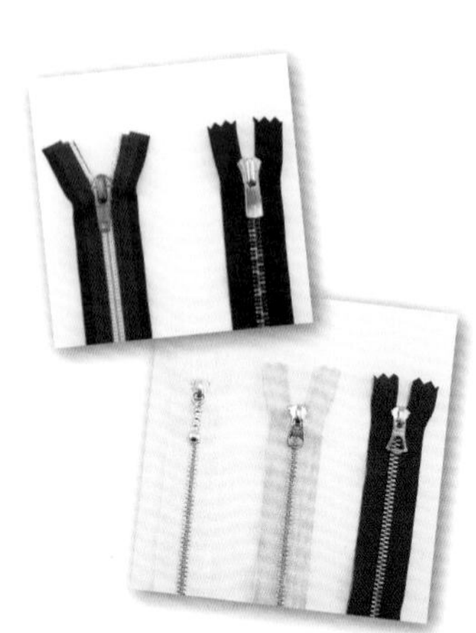

以上三個稱呼都是指拉鍊，其中Fastener的正式名稱是Slide Fastener（滑動的扣件），起源於英國，為國際通用。至於美國慣用的Zipper，取自物體快速滑動的擬聲詞Zip+er（物）。Chack（チャック）則只有在日本通用，本來是取自巾着（錢包，發音為Kinchaku）的一個日本商標，廣為人知後成為拉鍊的代名詞。

Step 1

認識拉鍊

Basic

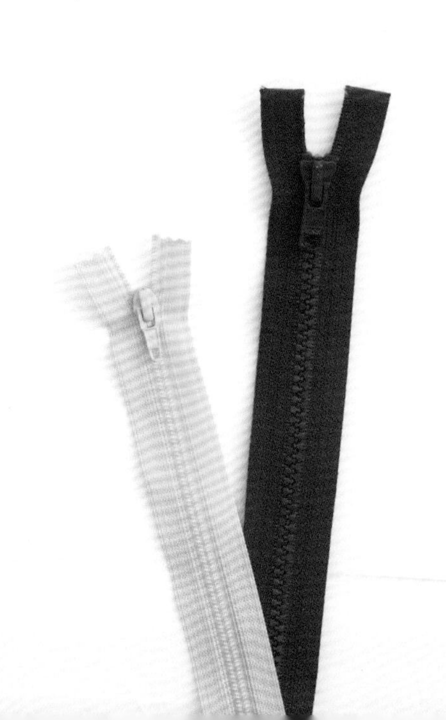

拉鍊各部位名稱

書中經常提到的拉鍊各部位名稱。

閉口拉鍊

左右兩邊未完全分離的拉鍊。

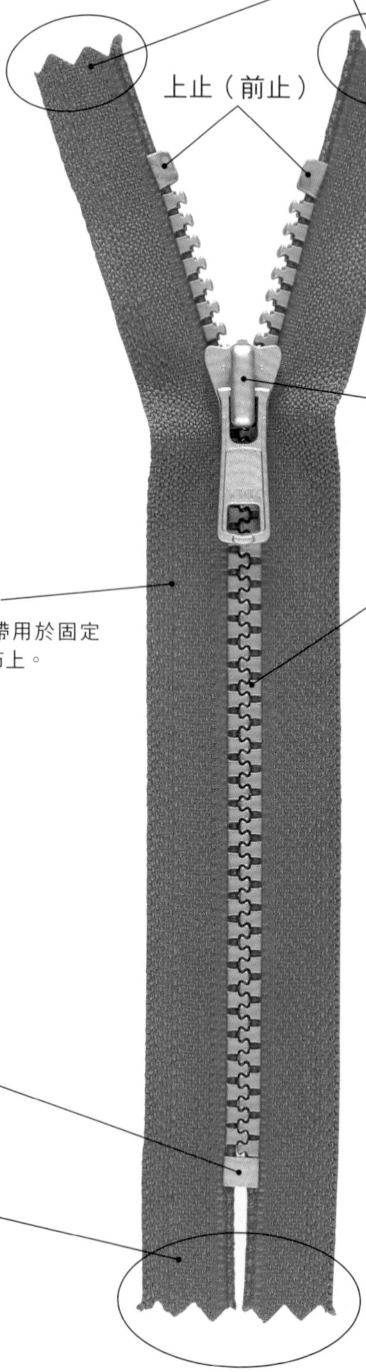

上耳

上止（前止）

拉頭

開合拉鍊時用來控制鍊齒咬合或分開的配件。

布帶

車縫布帶用於固定在其他布上。

鍊齒

咬合固定拉鍊左右側的配件，有樹脂及金屬等不同材質。

下止

下耳

開口拉鍊

左右完全分離的拉鍊。

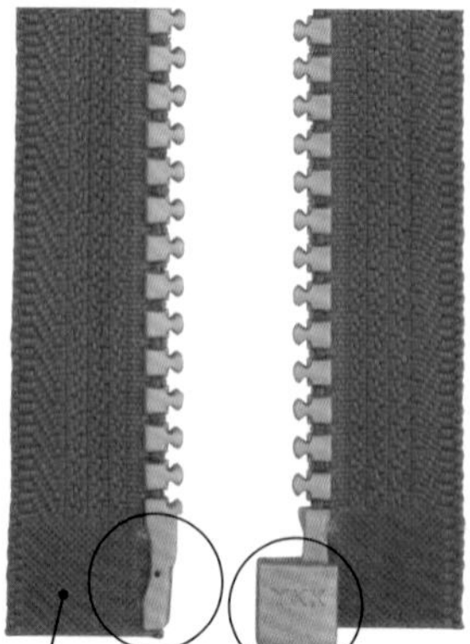

貼布

布帶尾端貼上膠膜以增加強度，輔助開合。

插銷　插座

開具

插銷與插座合稱開具，是開合拉鍊不可或缺的零件。

拉頭

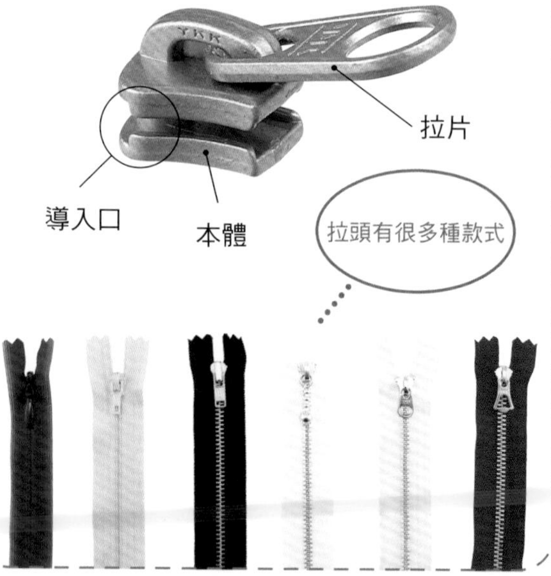

拉片

導入口

本體

拉頭有很多種款式

拉鍊的種類

拉鍊的種類繁多，這裡主要是介紹可在手工藝材料行買到的類型。

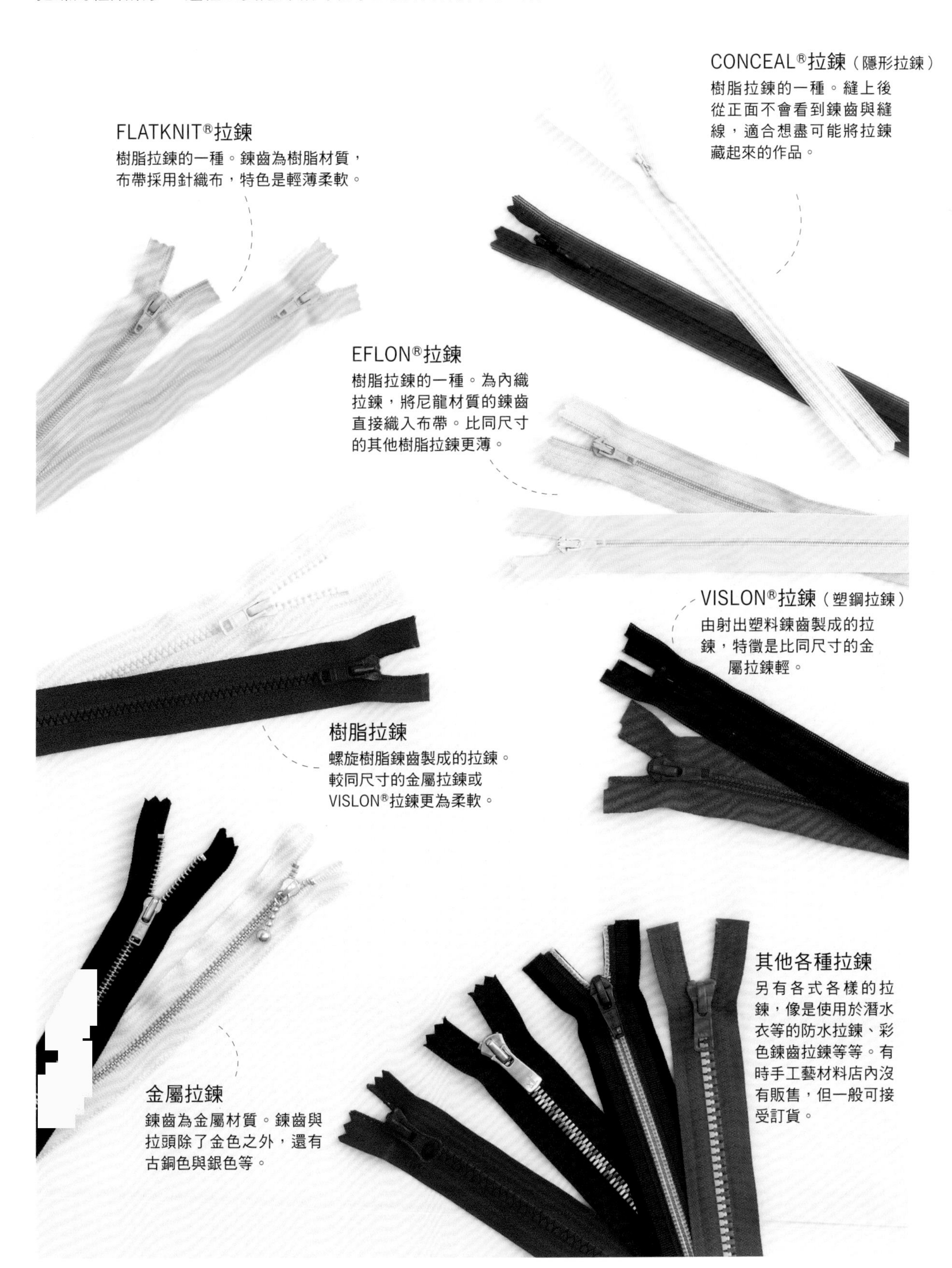

FLATKNIT®拉鍊
樹脂拉鍊的一種。鍊齒為樹脂材質，布帶採用針織布，特色是輕薄柔軟。

CONCEAL®拉鍊（隱形拉鍊）
樹脂拉鍊的一種。縫上後從正面不會看到鍊齒與縫線，適合想盡可能將拉鍊藏起來的作品。

EFLON®拉鍊
樹脂拉鍊的一種。為內織拉鍊，將尼龍材質的鍊齒直接織入布帶。比同尺寸的其他樹脂拉鍊更薄。

VISLON®拉鍊（塑鋼拉鍊）
由射出塑料鍊齒製成的拉鍊，特徵是比同尺寸的金屬拉鍊輕。

樹脂拉鍊
螺旋樹脂鍊齒製成的拉鍊。較同尺寸的金屬拉鍊或VISLON®拉鍊更為柔軟。

金屬拉鍊
鍊齒為金屬材質。鍊齒與拉頭除了金色之外，還有古銅色與銀色等。

其他各種拉鍊
另有各式各樣的拉鍊，像是使用於潛水衣等的防水拉鍊、彩色鍊齒拉鍊等等。有時手工藝材料店內沒有販售，但一般可接受訂貨。

如何選擇拉鍊

請先確認用途，再根據用途選擇適合的拉鍊。

適合手作包&波奇包的拉鍊

大部分都適用！

- 金屬拉鍊
- VISLON®拉鍊
- FLATKNIT®拉鍊
- 樹脂拉鍊
- EFLON®拉鍊

大部分的拉鍊都可以用在手作包與波奇包上，但仍需根據與布料的速配度與重量來作選擇。舉例來說，當本體是又薄又沒彈性的布料，若搭配金屬拉鍊等偏重的拉鍊，本體就會因重量而變形。而VISLON®拉鍊的鍊齒不易折彎，並不適合彎曲幅度過大的作品。

適合裙子的拉鍊

樹脂製成的
輕量拉鍊

- FLATKNIT®拉鍊
- EFLON®拉鍊
- CONCEAL®拉鍊

裙用拉鍊必需配合布料而有一定的柔軟度，所以適合使用這三種拉鍊。可再進一步根據拉鍊的接縫方式選擇最合用的產品。

適合褲子的拉鍊

依厚度
分別使用

- FLATKNIT®拉鍊
- EFLON®拉鍊
- 金屬拉鍊

褲用拉鍊就依據布料的厚度作選擇。比較厚的布使用FLATKNIT®拉鍊及EFLON®拉鍊，更厚的就選用金屬拉鍊。

適合連身洋裝的拉鍊

看不到縫線的
簡潔

- CONCEAL®拉鍊

連身洋裝很適合使用從正面看不到鍊齒與縫線的隱形拉鍊。

適合外套的拉鍊

左右完全分離的
開口拉鍊

- 左右完全分離的開口拉鍊
- VISLON®開口拉鍊

以厚布居多的外套，適合金屬拉鍊與VISLON®拉鍊，而且務必選擇左右可完全分離的開口拉鍊。

拉鍊長度的算法

對初學者來說，拉鍊的長度也是容易弄錯的一個重點。
拉鍊的長度究竟是從哪裡量到哪裡呢？

閉口拉鍊 以下止固定左右兩側的布帶。

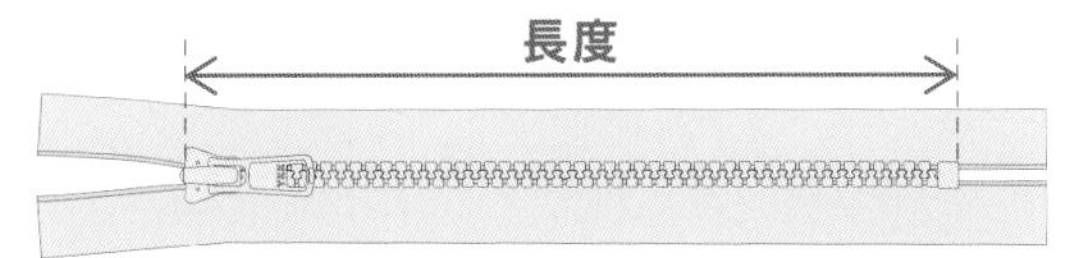

拉頭拉到最上面時，從拉頭的頂端到下止末端的距離。

開口拉鍊 左右可完全分離。

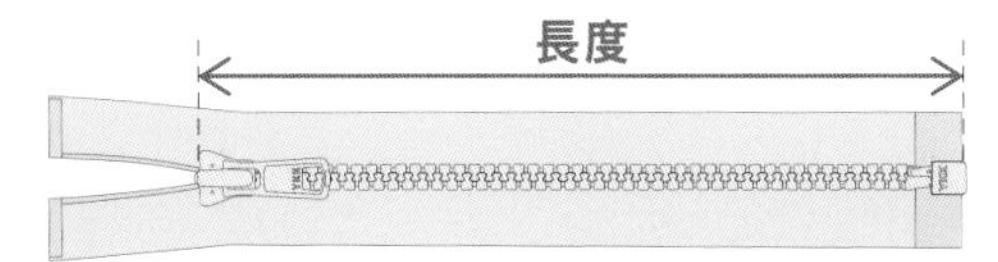

拉頭拉到最上面，從拉頭的頂端到開具末端的距離。

雙拉頭閉口拉鍊（兩頭相對） 兩個拉頭的頂端相對。

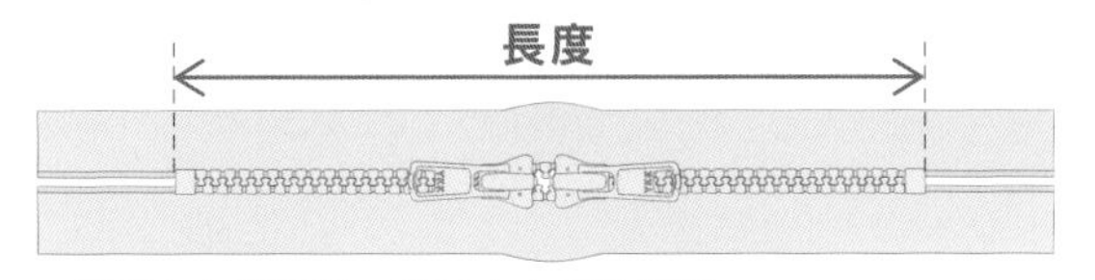

一個下止末端到另一個下止末端的距離。

逆開拉鍊 左右可完全分離，有兩個拉頭，可從下方開合拉鍊。

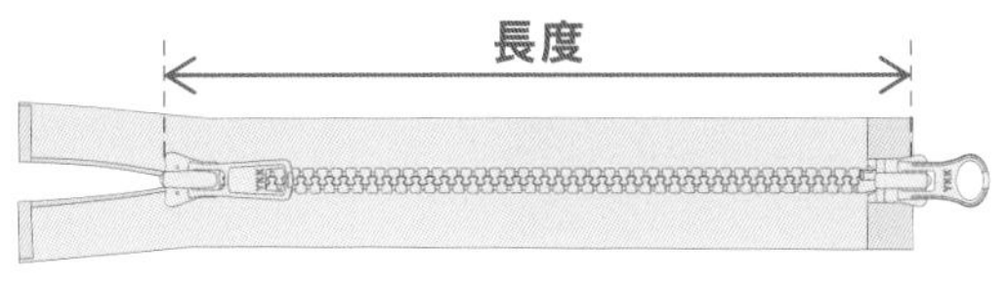

拉頭拉到最上面時，從拉頭的頂端到貼布末端的距離。

雙拉頭閉口拉鍊（兩頭相背） 兩個拉頭的尾端相對。

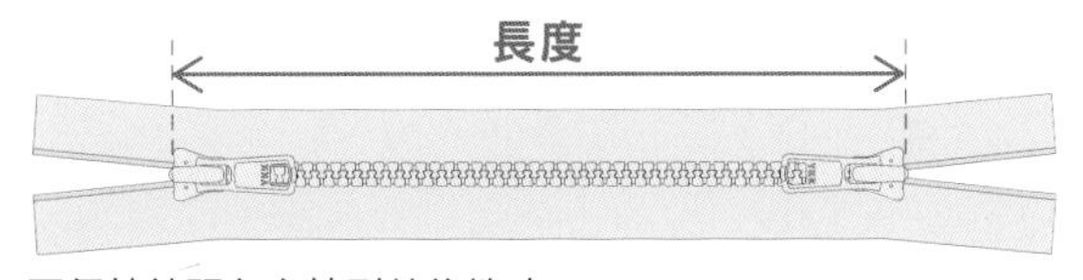

兩個拉鍊頭各自拉到前後端時，
從一個拉鍊頭的頂端到另一個拉鍊頂頭的距離。

拉鍊的號數（尺寸）

拉鍊依鍊齒的大小而有不同的號數（尺寸）。

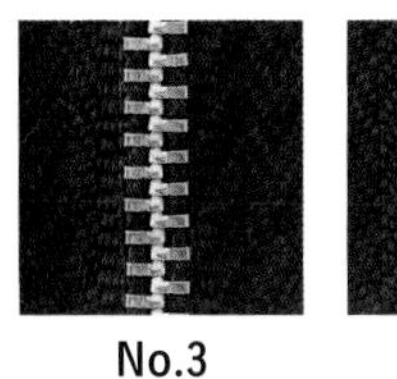

No.3　No.5

手工藝材料店販售的拉鍊會標示「No.3」「No.5」的數字。這些數字代表拉鍊的尺寸，也指鍊齒的寬度，基本上數字愈大鍊齒愈寬，就根據作品的感覺來選擇適合的尺寸。

Point

不知道尺寸時該怎麼辦？

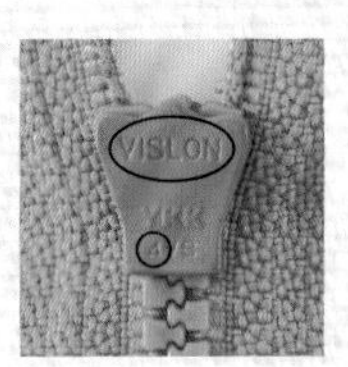

萬一購買拉鍊時找不到標籤而不知道號數時，只要翻到拉頭背面，上面標示的數字基本上就是拉鍊的尺寸。亦代表拉鍊種類的英文字母，例如VISLON是指VISLON®拉鍊、FK是FLATKNIT®拉鍊、EF．ER是EFLON®拉鍊。

調整拉鍊長度

拉鍊的長度可以依據作品自行調整。

＊請注意，拉鍊自行調整後就不能再要求商家提供零件、退換或修理。

樹脂拉鍊 （FLATKNIT®拉鍊、EFLON®拉鍊、樹脂拉鍊）

在所需長度的位置以回針縫固定，當成下止，防止左右鍊齒分離。接著預留一小段後以剪刀剪斷。

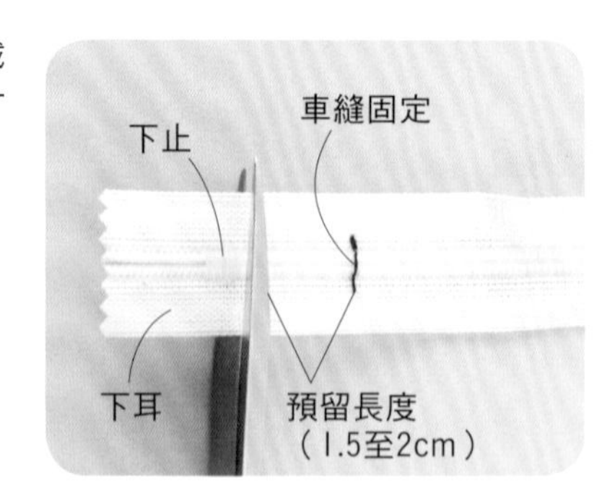

金屬拉鍊

1

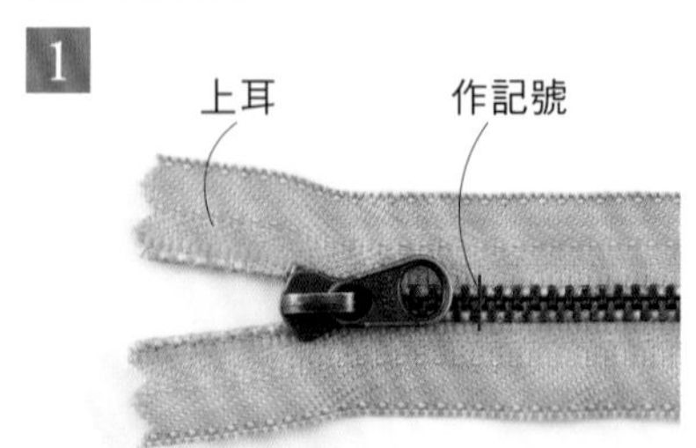

量好所需長度後作上記號。

2

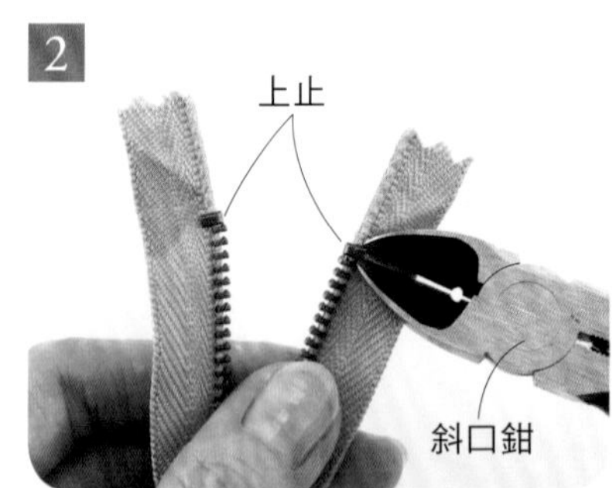

上止

以斜口鉗或老虎鉗等拆除上止。盡量不要傷到上止，因為之後還要用。

3

鍊齒

斜口鉗

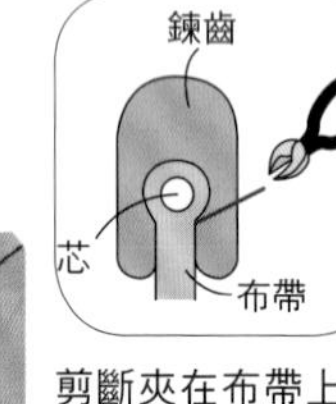

剪斷夾在布帶上的鍊齒腳，拔掉從上耳到記號處的鍊齒。作業時小心別剪到布帶的芯。

4

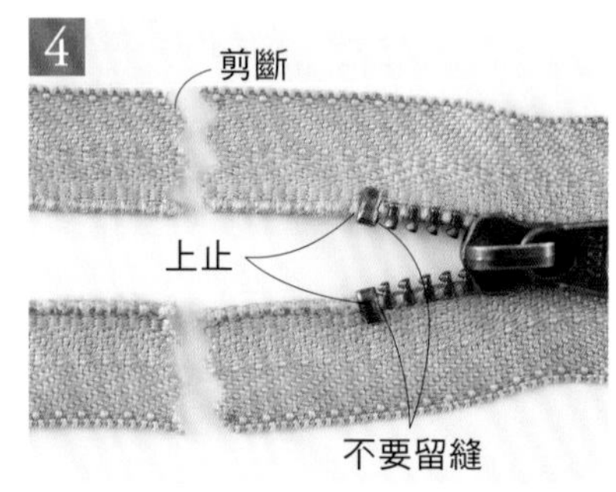

將拆下的上止裝回後，以平口鉗等夾緊。上止要貼合鍊齒，最後剪去多餘的布帶。

VISLON®拉鍊

1

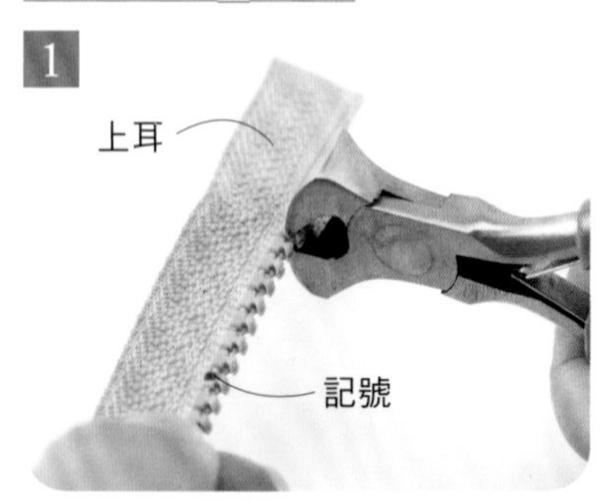

此款拉鍊的上止拆下後就不能再用了，所以要另外準備新的上止。調整方式與金屬拉鍊一樣，先以斜口鉗等拆掉上止，再剪斷鍊齒拔下。

2

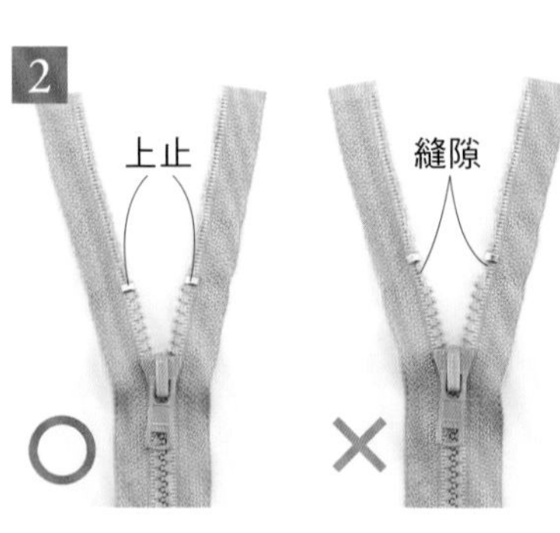

裝上另行準備的上止。注意上止也要貼合鍊齒，不要留縫。

作品&拉鍊長度的關係

若能事先了解如何根據作品來決定拉鍊的長度，購買時就不會無從選擇。

手作包&波奇包的拉鍊長度

●拉鍊對齊本體時……預留少許鬆份

長度
0.25至0.5cm
0.25至0.5cm

若拉鍊要對齊接縫於袋口或側身，拉鍊本身就要比袋口短0.5至1cm。上止及下止需要有一定的間隙，作為滑動拉頭及縫合時的鬆份。

●拉鍊突出於本體時……接縫尺寸+超出的部分

長度
超出部分
超出部分

若拉鍊接縫後要突出於袋口或側身，雖然視作品大小而異，但波奇包要準備的拉鍊大約是接縫位置+5cm長，手作包是接縫位置+10cm左右。

裙子的拉鍊長度……到身體最寬的臀線

裙子的拉鍊長度至少是拉縫腰帶位置向下0.5cm至臀線（開口止點）的距離。如果開口不延伸到身體最寬的臀線，裙子就拉不上來，請配合紙型準備長度適中的拉鍊。

褲子的拉鍊長度……

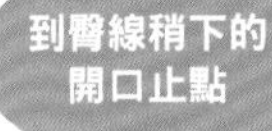

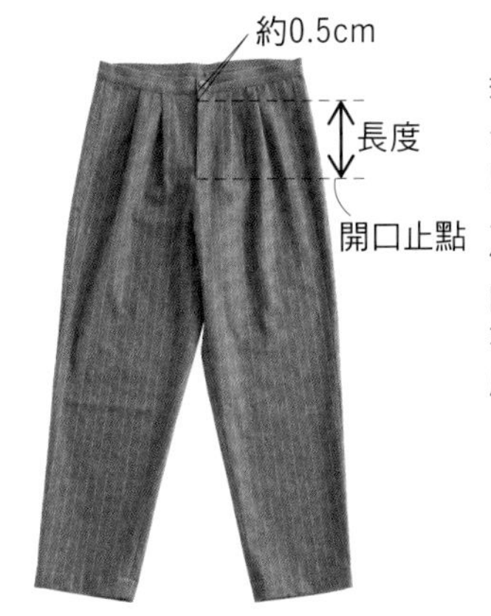

若是前開口的褲子，拉鍊長度至少是拉縫腰帶位置向下0.5cm至臀線（開口止點）的距離。不過，就像低腰緊身褲等，長度會因腰線的位置而有很大的不同，請配合紙型準備長度適中的拉鍊。

連身洋裝的拉鍊長度……

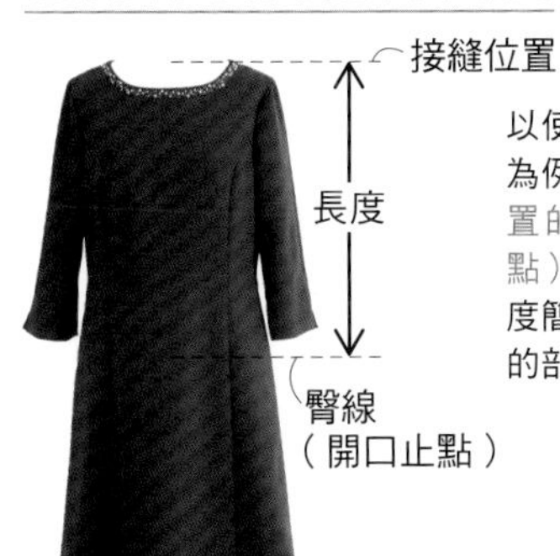

以使用隱形拉鍊的連身洋裝為例，拉鍊的長度為接縫位置的上端至臀線（開口止點）的距離。隱形拉鍊的長度簡單就能調整，剪去多餘的部分再處理即可。

外套的拉鍊長度……依接縫位置而定

拉鍊的長度就是拉鍊接縫位置的距離。請參考紙型的拉鍊開口作準備。

車縫拉鍊的必備工具

先準備好可以將拉鍊縫得整齊又漂亮的工具，再開始作業吧！

壓布腳 ＊請配合手邊的縫紉機準備壓布腳。

單邊壓布腳

因為是單邊，所以車縫時壓布腳不會卡住鍊齒，是車縫拉鍊的好用工具。

隱形拉鍊壓布腳

需另外準備。

隱形拉鍊的專用壓布腳。壓布腳的背面有凹槽，可一邊將鍊齒緊貼凹槽一邊車縫旁邊。

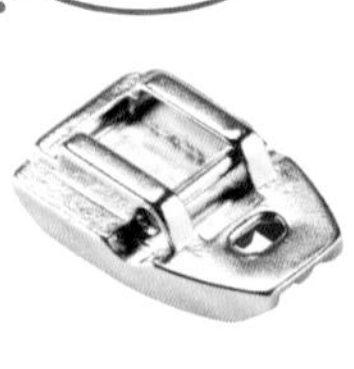

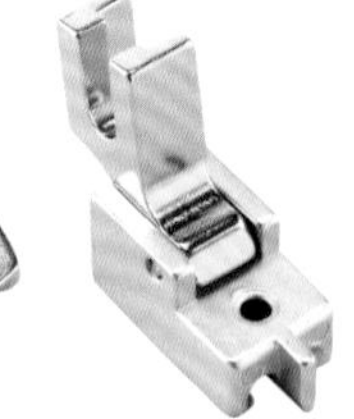

<單邊壓布腳>

<普通の壓布腳>

換上單邊壓布腳後，可壓緊布片，同時車針又能貼近布帶車縫。至於家用縫紉機用來車縫直線等的一般壓布腳，因為比較寬，會卡住鍊齒而無法順利縫上拉鍊。

<隱形拉鍊壓布腳>

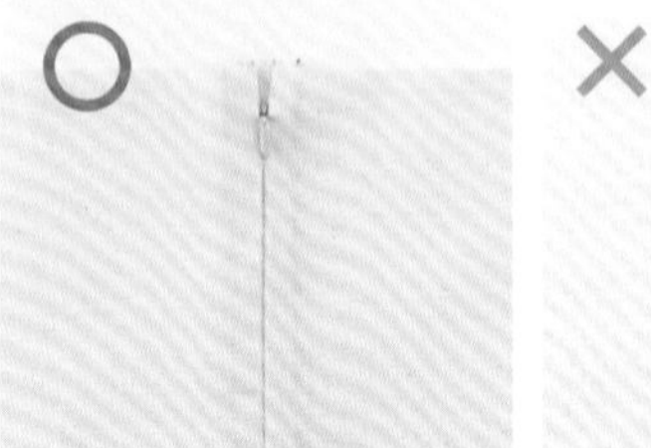

<一般壓布腳>

使用隱形拉鍊壓布腳，從正面看不到鍊齒及縫線。若是改用一般的壓布腳，縫線會向兩側撐開，露出拉鍊。

暫時固定用工具 ＊注意：拉鍊的鍊齒與拉頭不要沾到膠水或膠帶。

疏縫

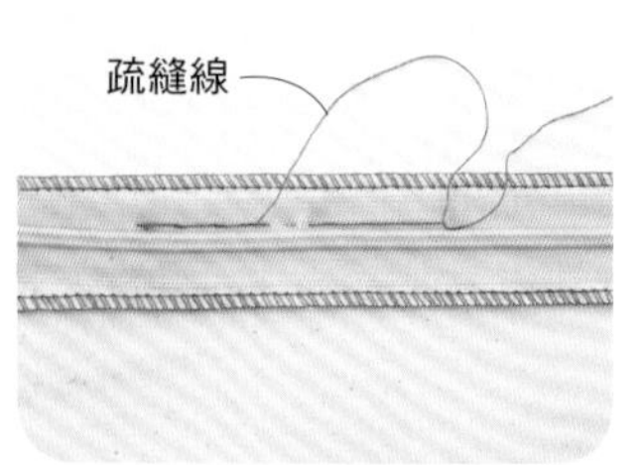

以疏縫方式將拉鍊暫時固定在布上。

手藝用膠

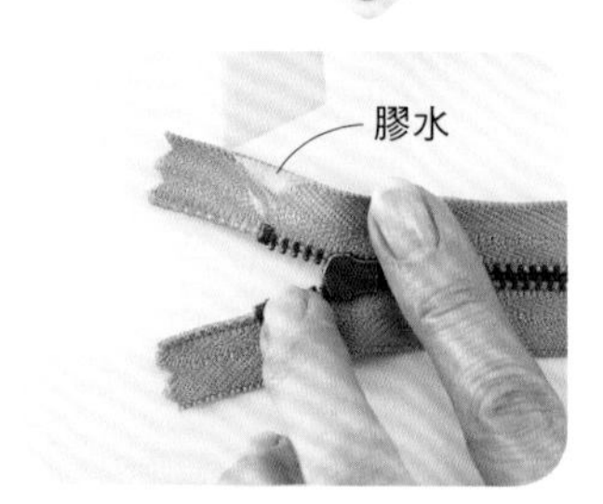

縫製波奇包等作品時，用來處理上耳與下耳的小工具。

膠帶

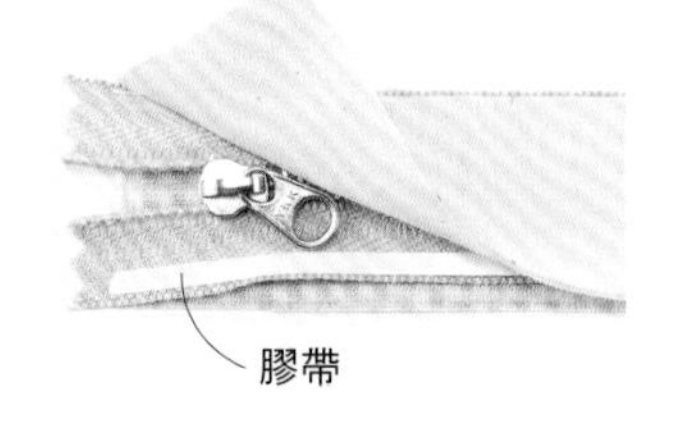

在拉鍊的布帶邊黏貼膠帶，暫時固定於布上。比起珠針，膠帶更服貼。波奇包與手作包等較不可能下水的作品，建議使用「布用雙面膠帶」，可能會下水的作品就選「水溶性雙面膠帶」或「熱溶雙面膠帶」。配合縫份的寬度，膠帶寬度大約在0.3至0.6cm之間。

疏縫線・手藝用膠・0.6cm水溶性雙面膠帶・0.5cm溶熱溶雙面膠帶：Clover　隱形拉鍊（右）・0.3cm布用雙面膠帶：KAWAGUCHI

拉鍊的基本縫法

車縫拉鍊的共同基本作法，以及接縫的重點。

移動拉頭車縫

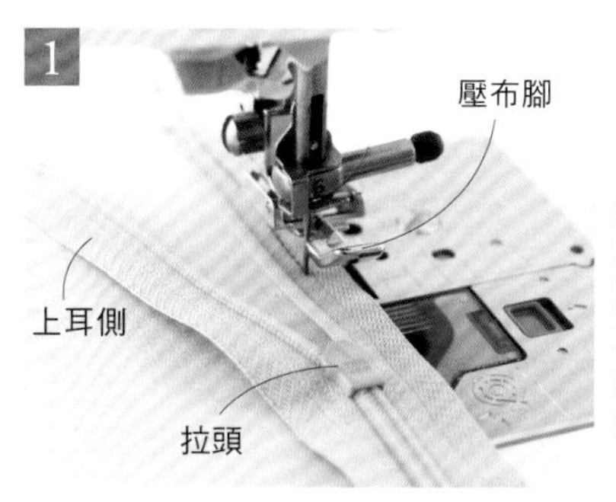

拉鍊拉開到約中間的位置，從上耳側開始車縫。當快要車到拉頭時，將車針放下並且停止車縫，抬起壓布腳。

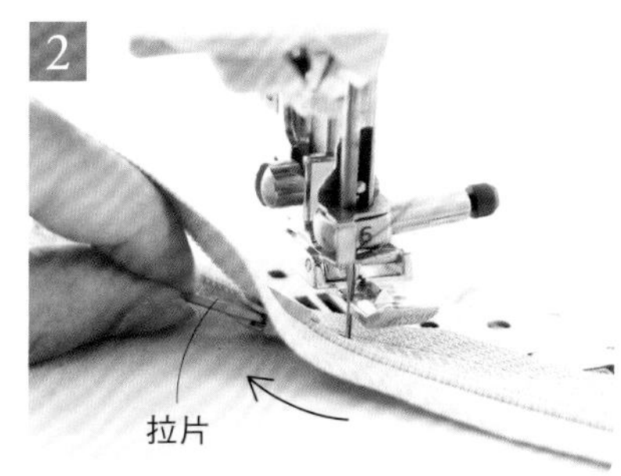

抓住拉片，將拉頭移到壓布腳的下方內側。若頂住壓布腳而無法順利移動時，可稍微旋轉一下。

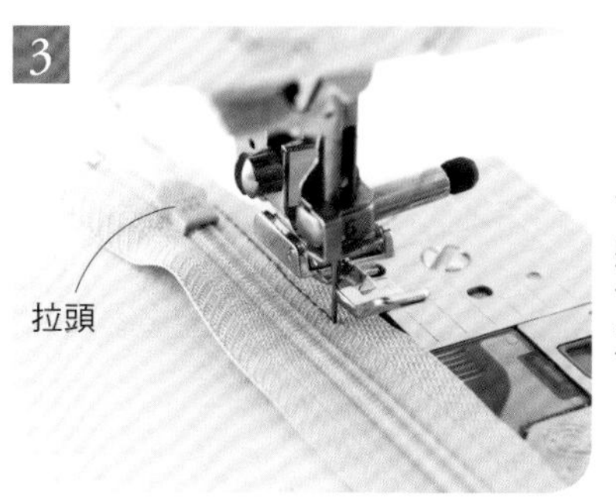

可順利移動時，請將拉頭向上拉到不會擋到壓布腳的位置。

放下壓布腳繼續車縫。

車針與鍊齒的距離

拉鍊開合時，必須保有能讓拉頭滑動的寬度。緊貼著鍊齒車縫，在滑動拉頭時就可能夾到布或變得澀澀的。為了滑順好拉，車縫時兩側應預留一些空間。

以金屬拉鍊（No.3）為例，本書在箭號間預留1至1.5cm的距離。

上下止的損傷

VISLON®拉鍊及CONCEAL®拉鍊等樹脂製的上止與下止，在與壓布腳碰觸後容易出現損傷。車縫時應小心不要壓到上下止。

上耳・下耳的處理

上耳及下耳的邊端有多種處理方式。

保持筆直狀態

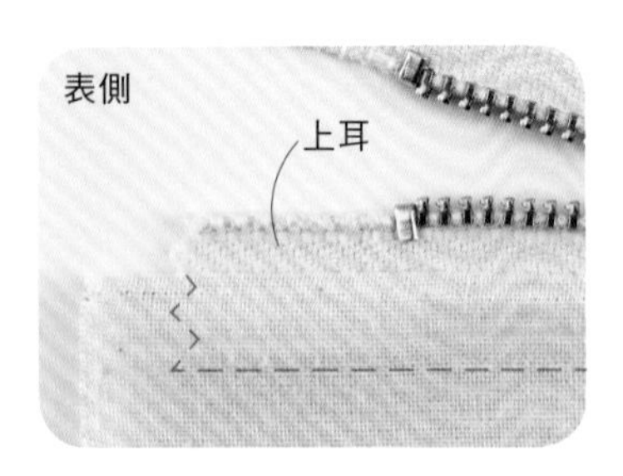

適用作品

上、下耳筆直的夾在表布與裡布之間。此時仍可看得到布帶的上耳與下耳。這個處理方式適合之後還會接縫其他布或車縫脇邊等希望平面使用的作品。（參考P.19・P.33・P.35・P.37・P.41）

拉鍊的安裝方向

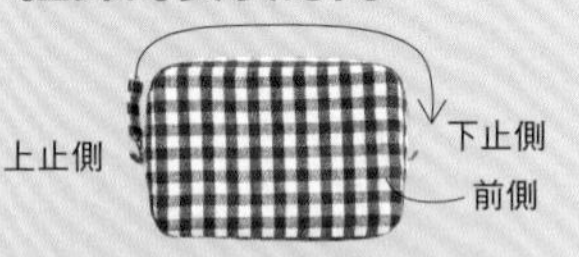

若是慣用右手，當作品前側向著自己時，拉鍊的頭置於左側，開合會較順手。慣用左手者則將安裝方向反過來即可。

摺成三角形

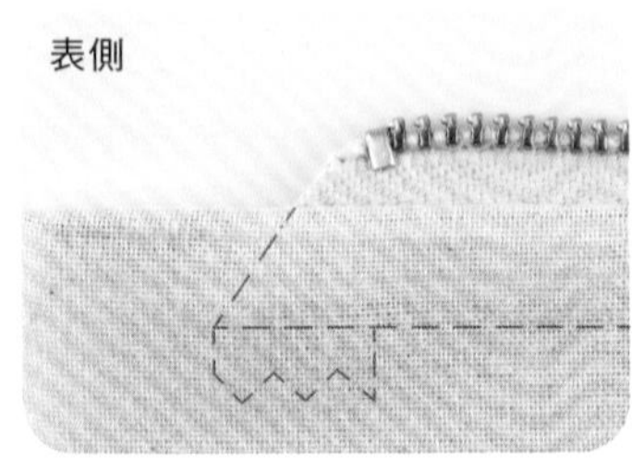

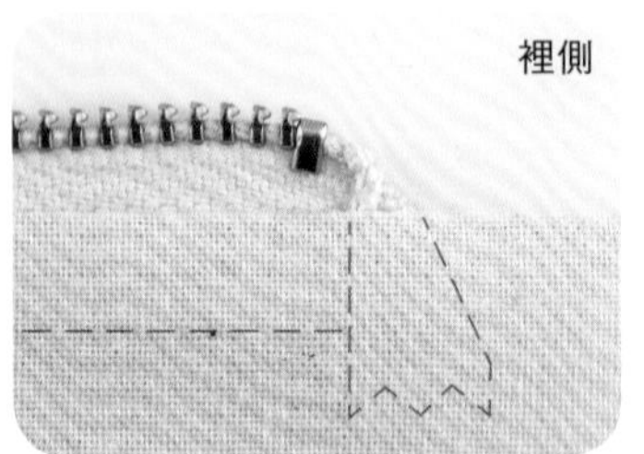

適用作品

上下耳摺成三角形，夾在表布與裡布之間。布帶端在布間。適合將拉鍊安裝在作品最上方的處理方式。（參考P.27・P.29）

摺成直角狀

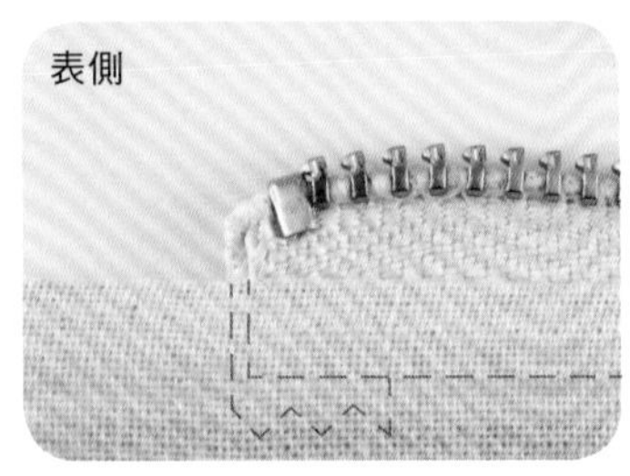

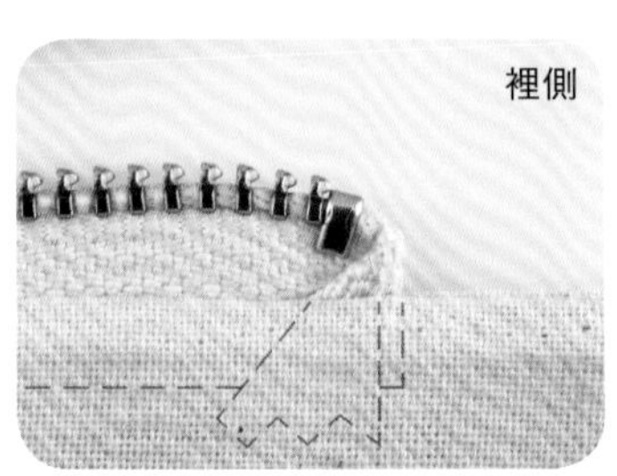

適用作品

上下耳摺兩次呈直角狀，夾在表布與裡布之間。邊端在布之間。也是適合將拉鍊安裝在作品最上方等的處理方式。（參考P.31）

以端布包覆收尾

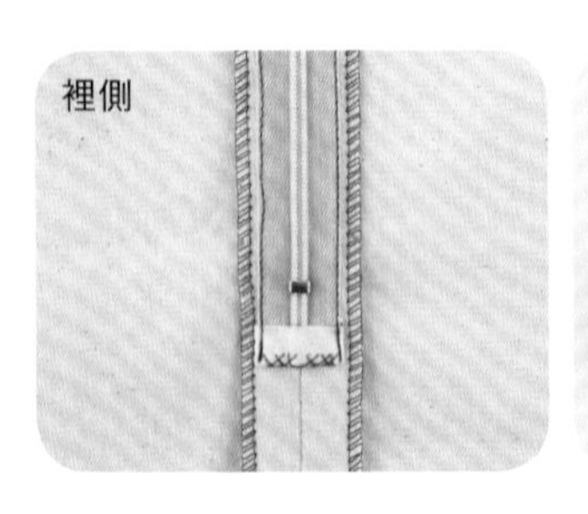

適用作品

以薄的別布或皮革等來包覆上、下耳。這個處理方式適合連身洋裝等隱形拉鍊的端部收尾，或是手作包與波奇包等縫上比袋口長的拉鍊時。（參考P.24・P.48・P.59）

接縫裡袋

在裝上拉鍊的手作包或波奇包接縫裡袋，基本上有三種作法。

1 以表布與裡布夾住車縫

在正面相對的表布與裡布之間夾入拉鍊的方法。也是以縫紉機接縫裡袋的最簡單作法。

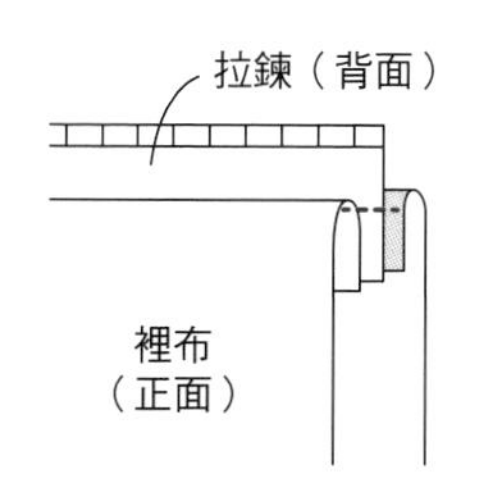

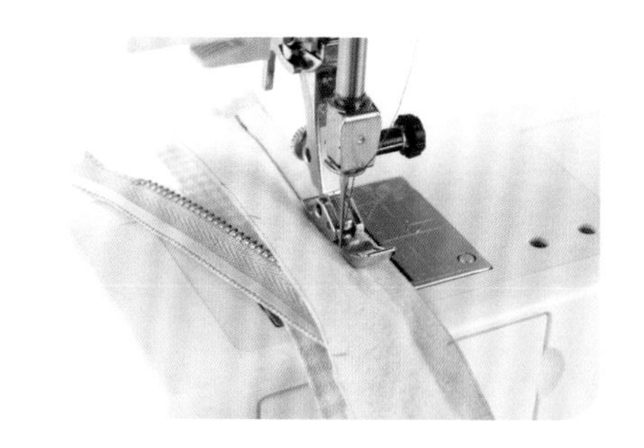

2 以藏針縫接在表布上

表袋與裡袋各自作好，再將它們背面相對，以藏針縫固定在拉鍊布帶的方法。因為是最後才縫合固定，任何手作布包都適合。

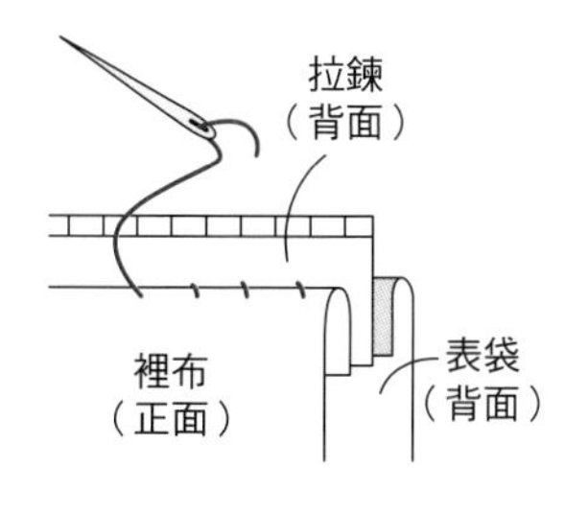

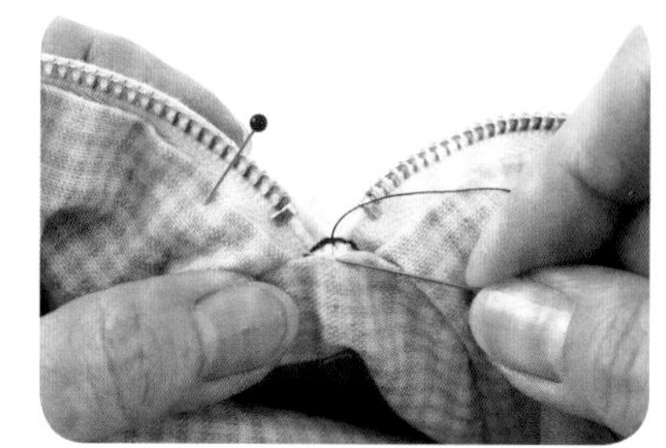

3 重疊裡布車縫

表布先縫上拉鍊，摺疊裡布的縫份與拉鍊重疊再車縫固定的方法。但扁平型的手作包及波奇包，因製作順序而不適用此方法。

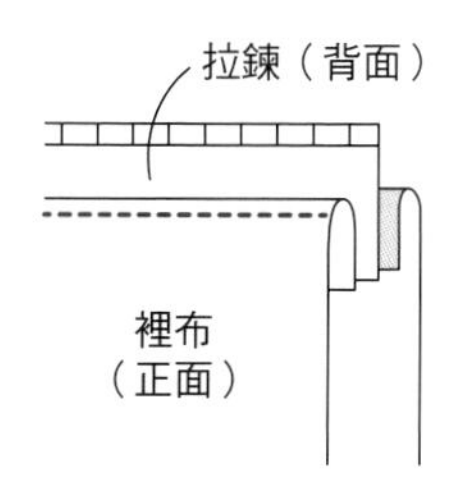

拉鍊的拉片為什麼有洞？

拉片上的洞孔，一般認為是出於輕量化或容易抓握的考量。而在洞孔內穿入繩帶或其他裝飾，也能為作品加分。

實用拉鍊小常識

便利的拉鍊保養&使用的小知識。

熨燙

樹脂製的鍊齒碰到熨斗的高溫，可能會導致融化。熨燙時最好先放上墊布再開始作業。

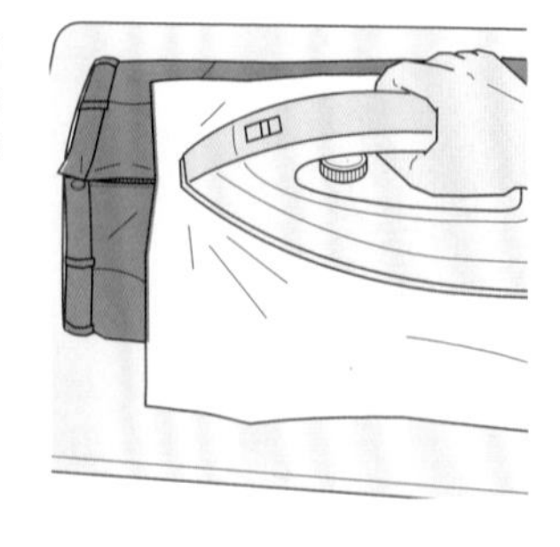

拉鍊的耐溫度

（需一併留意本體所使用布料的耐溫度）

種類	耐溫度
CONCEAL®拉鍊	160℃
FLATKNIT®拉鍊	160℃
VISLON®拉鍊	130℃
樹脂拉鍊	160℃

清洗

先拉上拉鍊

以洗衣機清洗時，衣物上的拉鍊也承受很大的離心力。若沒將拉鍊拉上，拉頭可能會被甩掉。請務必將拉鍊拉上再開始清洗。

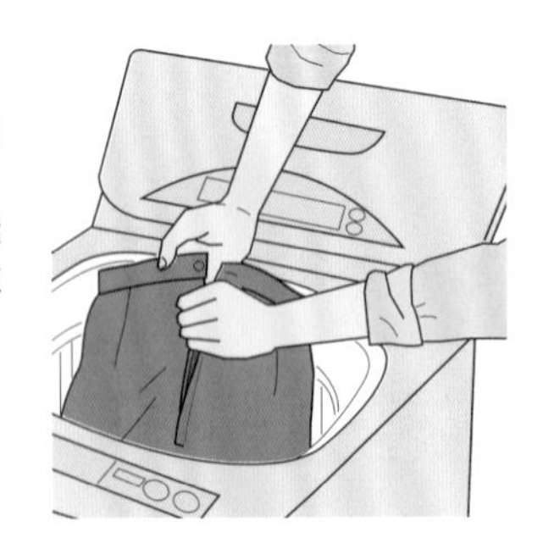

樹脂拉鍊要放入洗衣袋

拉片上有塗層，像是連身洋裝上的CONCEAL®拉鍊（隱形拉鍊）等，若直接放進洗衣機，塗層有時會與洗衣槽磨擦而產生剝落，最好是放入洗衣袋再清洗。

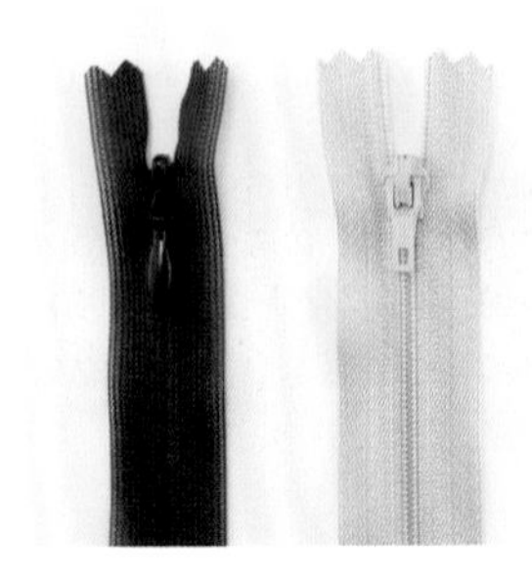

保存

使用前

建議放置濕氣低、通風良好的地方加以保存。

這點請注意！

╳ 若拉鍊在使用前以橡皮筋捆住，橡皮筋內的硫磺成分會與拉鍊的金屬產生作用而導致變色。建議若要捆起來，可改用紙繩。

Step 2

波奇包 & 手作包

Lesson

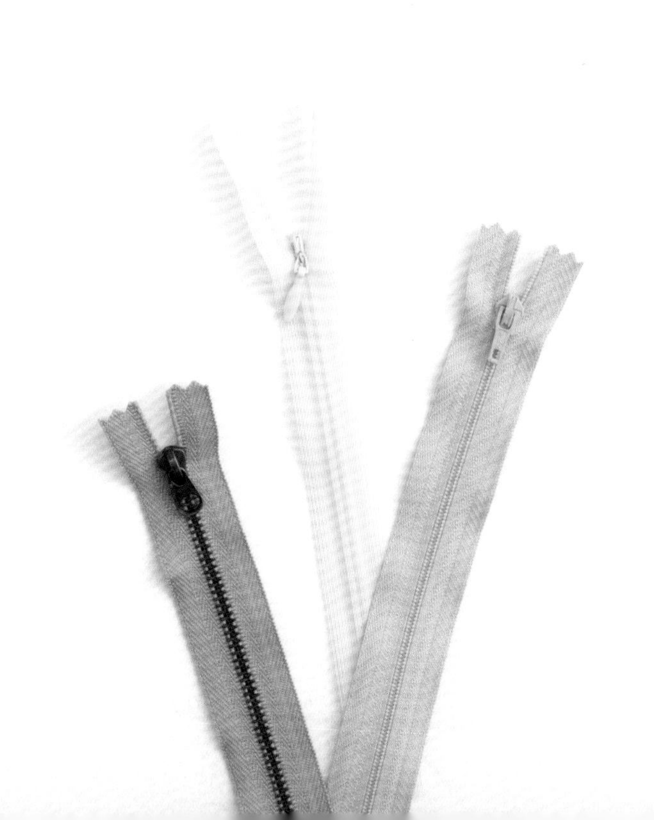

縫法1

拉鍊兩側接縫側身布

1.拉鍊與側身布對齊接縫

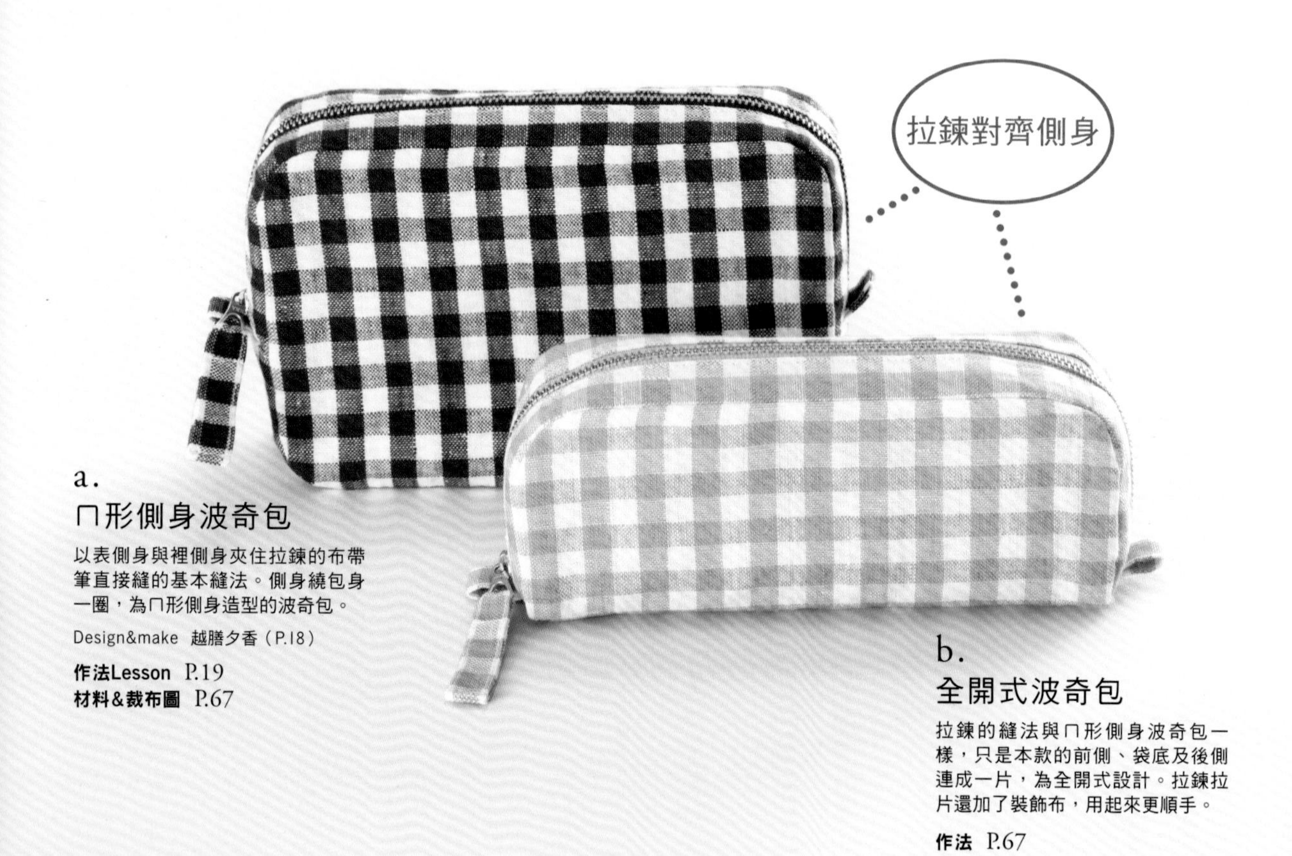

a.
ㄇ形側身波奇包

以表側身與裡側身夾住拉鍊的布帶筆直接縫的基本縫法。側身繞包身一圈，為ㄇ形側身造型的波奇包。

Design&make 越膳夕香（P.18）

作法Lesson P.19
材料&裁布圖 P.67

b.
全開式波奇包

拉鍊的縫法與ㄇ形側身波奇包一樣，只是本款的前側、袋底及後側連成一片，為全開式設計。拉鍊拉片還加了裝飾布，用起來更順手。

作法 P.67

建議使用的拉鍊

金屬拉鍊　VISLON®拉鍊　樹脂拉鍊拉鍊

Lesson

＊材料＆裁布圖參照P.67。
＊為方便理解，示範時更換了布料與縫線的顏色。

1. 拉鍊接縫側身

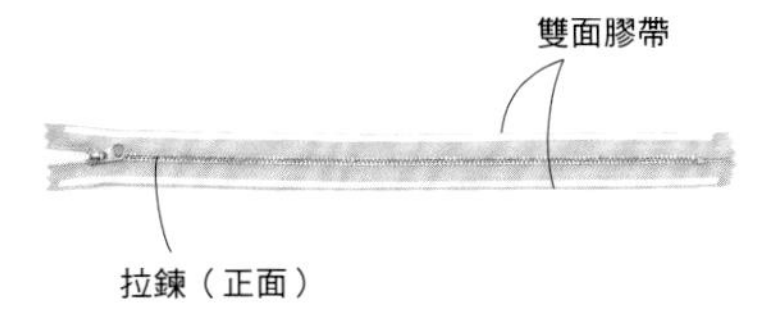

①在拉鍊布帶的兩端貼上0.3cm寬的布用雙面膠帶，表側與裡側都要貼。膠帶太寬容易黏到車針，請注意！

拉鍊（正面）
對齊邊端
表側身（背面）
裡側身（正面）
0.3

②撕下上方的表裡膠帶離型紙，表側身、裡側身與拉鍊邊端三者對齊後重疊。上止與下止比完成線更向內側0.3cm。

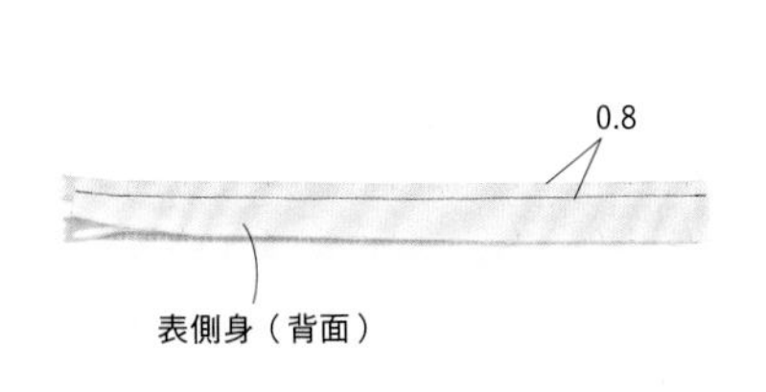

③縫合側身與拉鍊布帶。

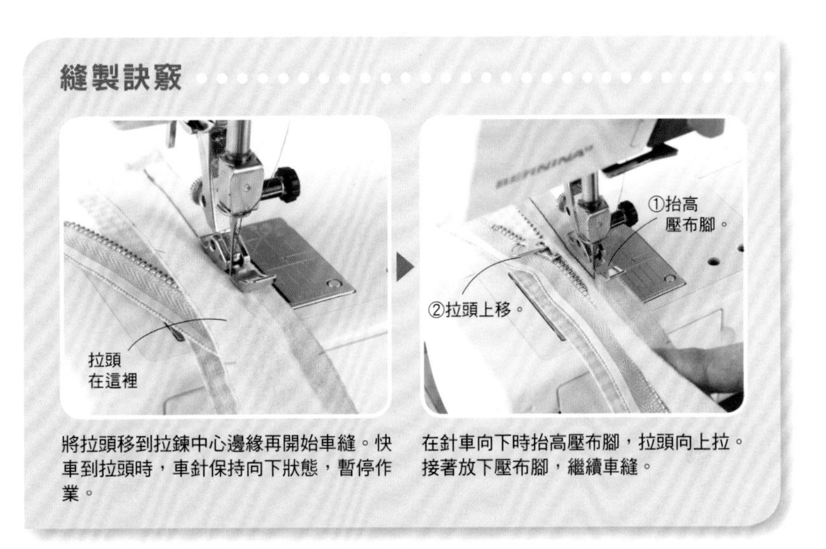

將拉頭移到拉鍊中心邊緣再開始車縫。快車到拉頭時，車針保持向下狀態，暫停作業。

在針車向下時抬高壓布腳，拉頭向上拉。接著放下壓布腳，繼續車縫。

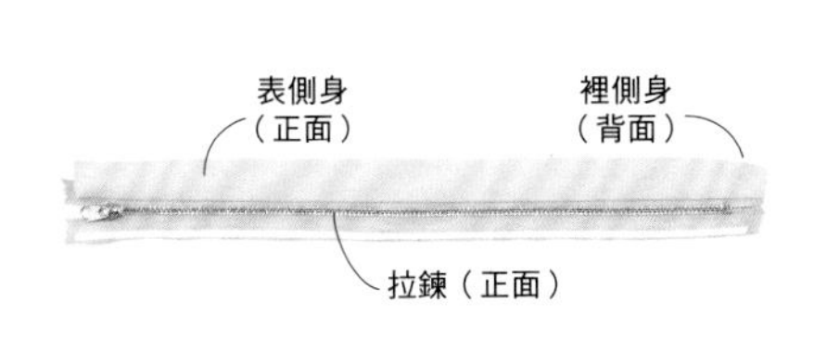

④表側身與裡側身翻至正面。

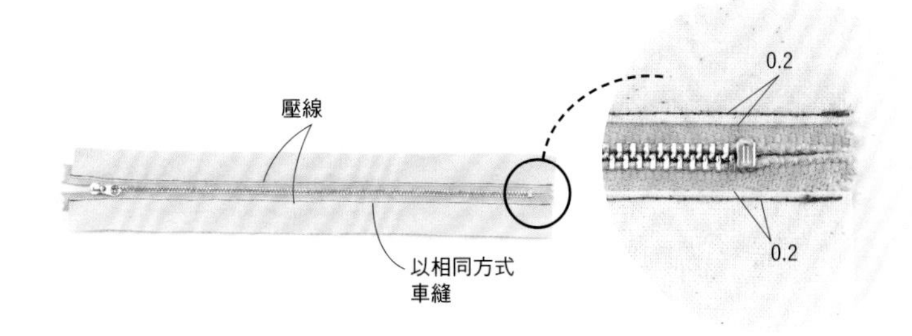

⑤另一側的布帶也以相同作法接縫於表・裡側身。
將側身翻至正面，在距布帶0.2cm處壓線。

2. 製作耳絆

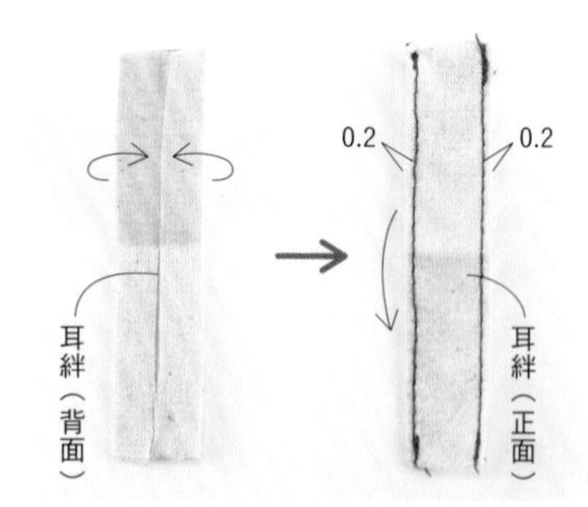

摺疊耳絆的縫份，兩端壓線。接著背面相對對摺，共製作兩個。

3. 車縫側身與袋底

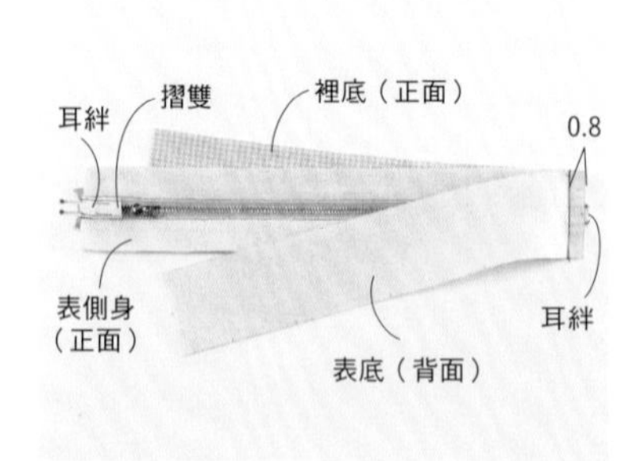

①以珠針將耳絆固定在側身的兩端。表・裡袋以及表・裡側身分別正面相對疊合車縫。

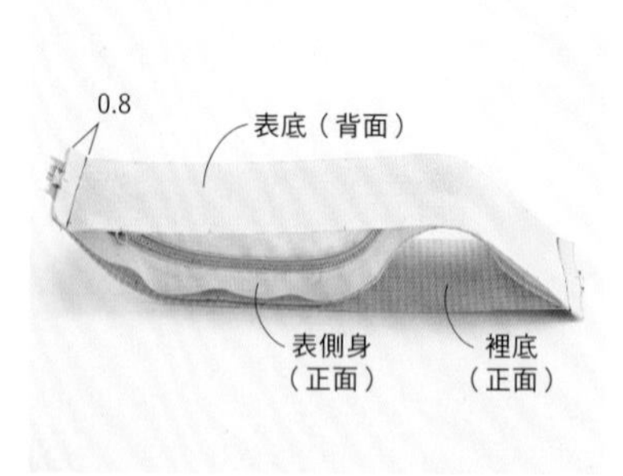

②另一側也以相同方式縫合側身與袋底。

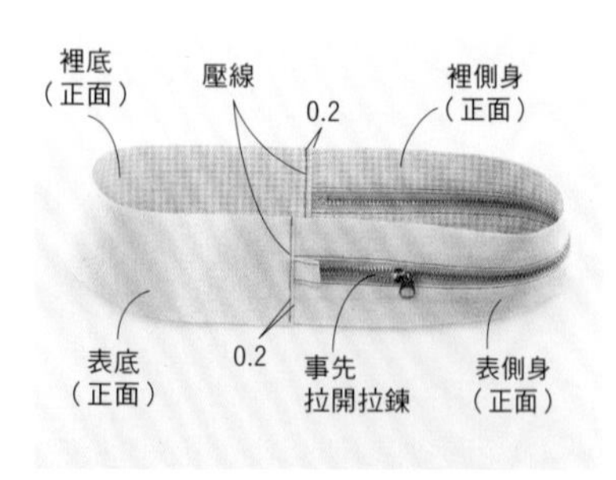

③翻至正面，縫份倒向底側，壓線0.2cm。

4. 車縫側身・袋底與前側

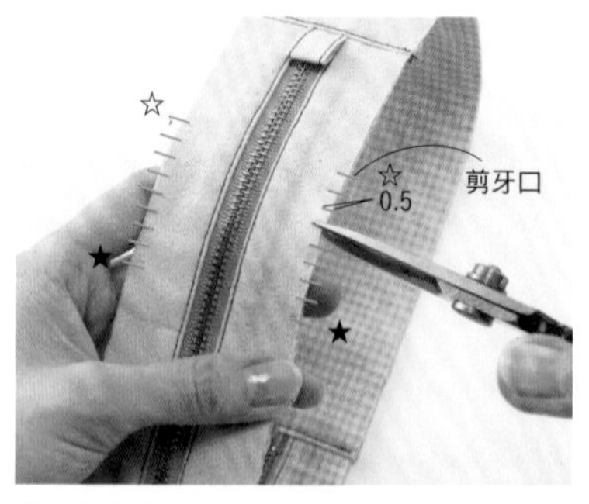

①側身與袋底的縫份只在與表布彎曲處縫合的部分剪牙口。

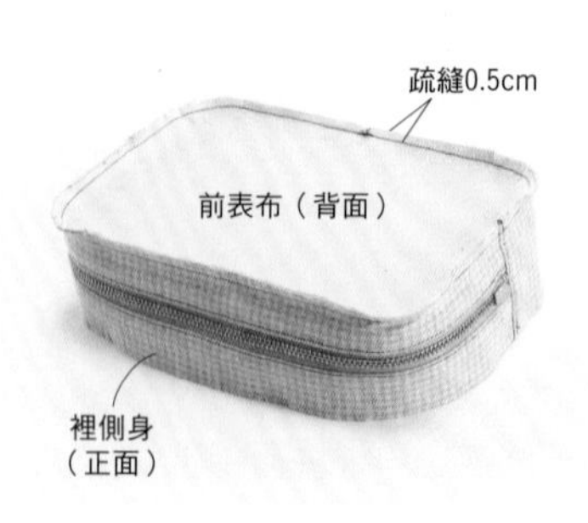

②表側身・袋底以及前表布正面相對疊合後疏縫固定。

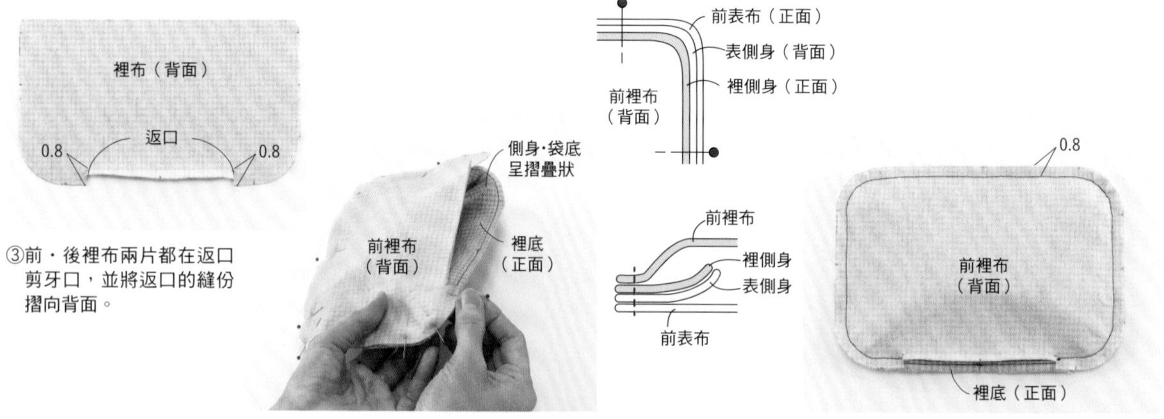

③前・後裡布兩片都在返口剪牙口，並將返口的縫份摺向背面。

④裡側身・袋底以及前裡布正面相對疊合後以珠針固定。此時，側身・袋底呈摺疊狀對齊。

⑤縫合裡側身・袋底以及前裡布。

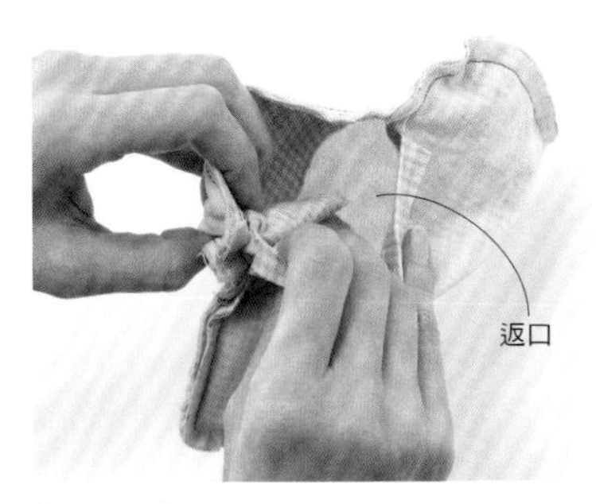

⑥從返口翻至正面。

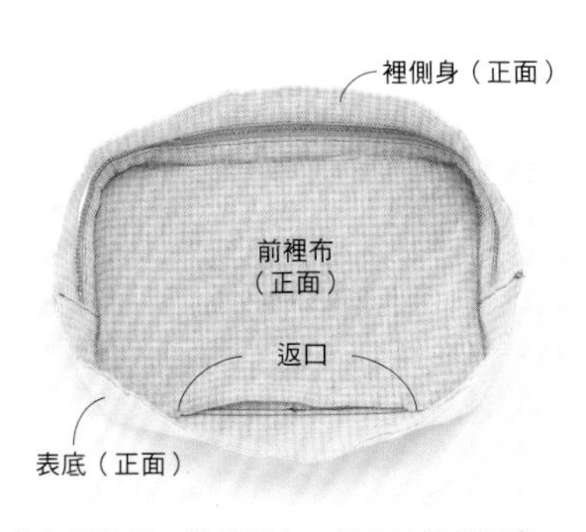

⑦如圖所示，將前表布・裡布接縫於側身・袋底的單側。

5. 車縫側身·袋底與後側

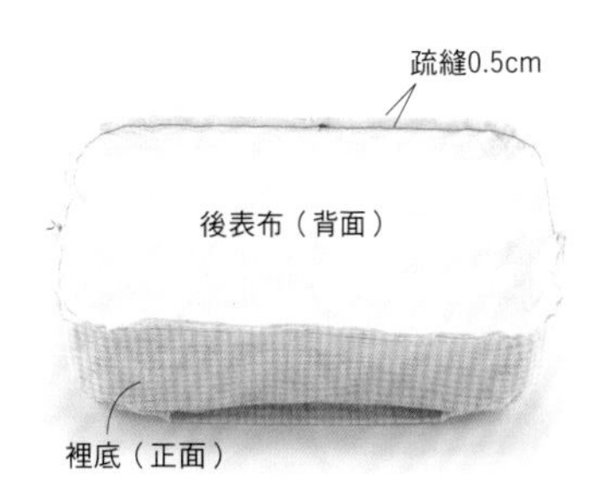

①裡側身・袋底・前布翻成如圖的樣子。將未縫合的表側身與後表布正面相對疊合後疏縫固定。拉鍊要先拉開。

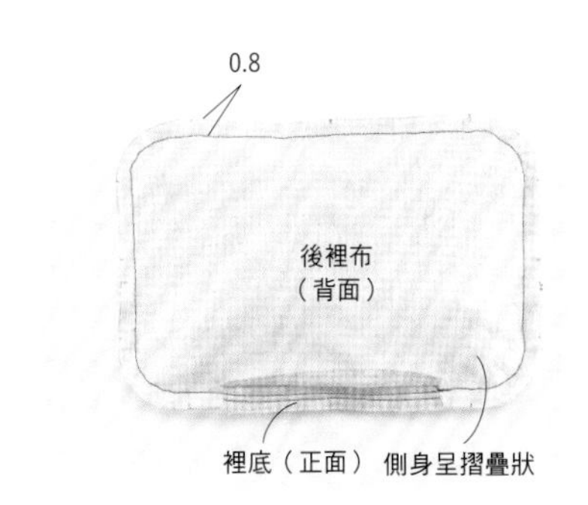

②將①翻面，後裡布與①的疏縫線重疊車縫。前布及側身・袋底呈摺疊狀與後裡布縫合。

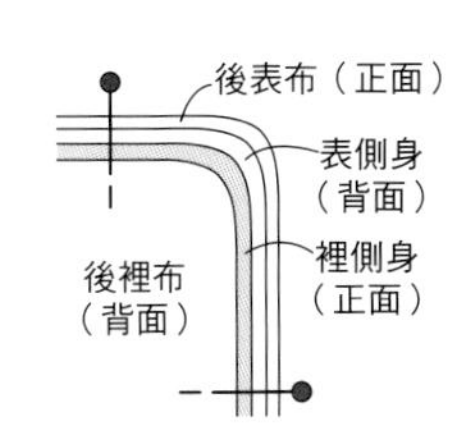

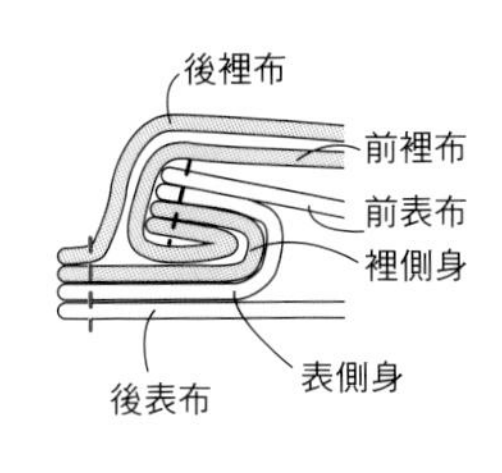

6. 縫合返口

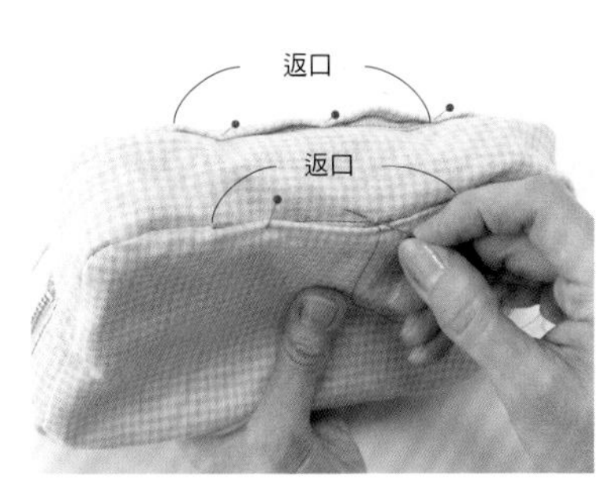

①從返口翻至正面，再以藏針縫將返口縫合。

7. 拉片加上裝飾布

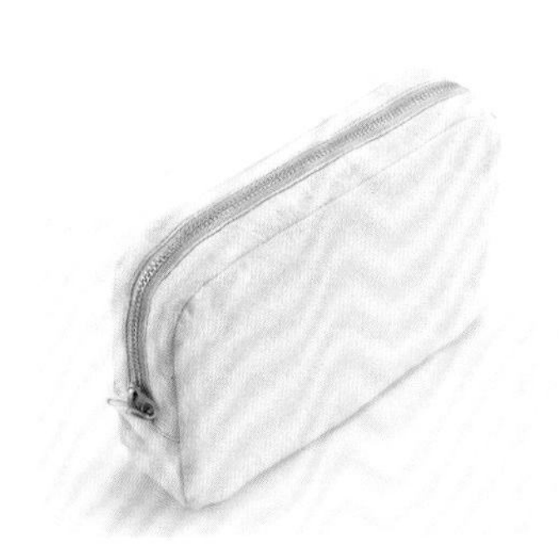

②翻至正面。

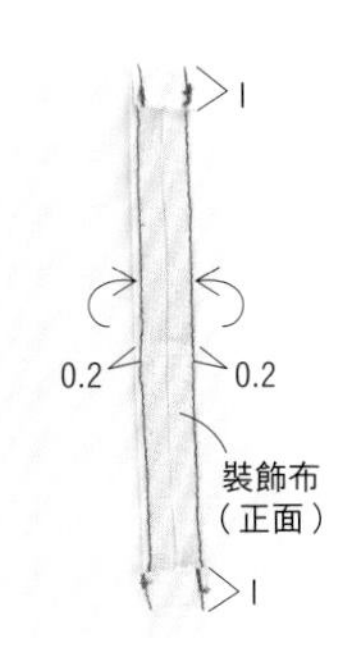

①摺疊裝飾布的縫份，於兩端壓線。上下的縫份各摺疊1cm。

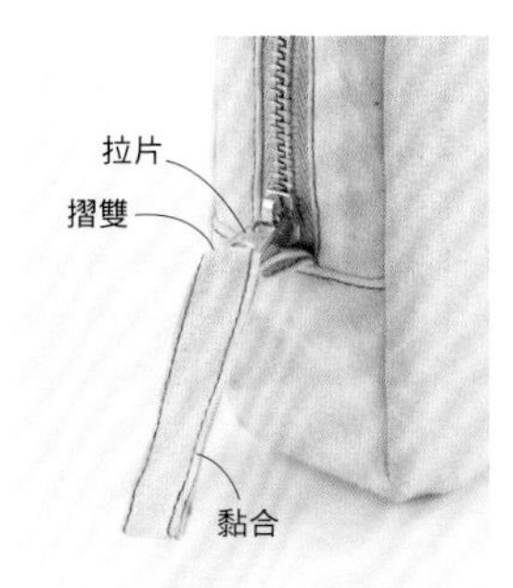

②將裝飾布穿過拉片上的洞孔，再對摺並以手藝用膠黏合。

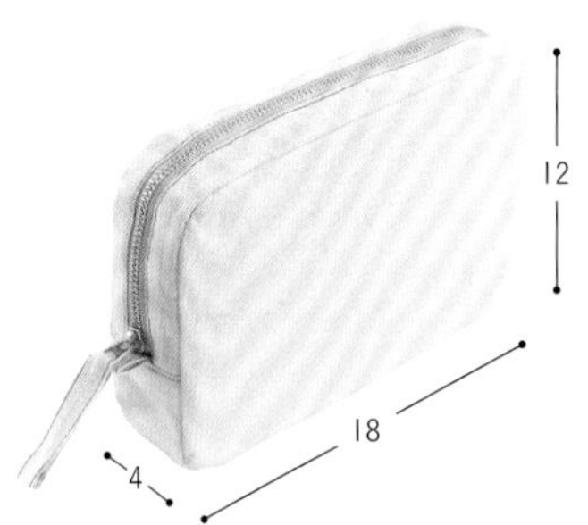

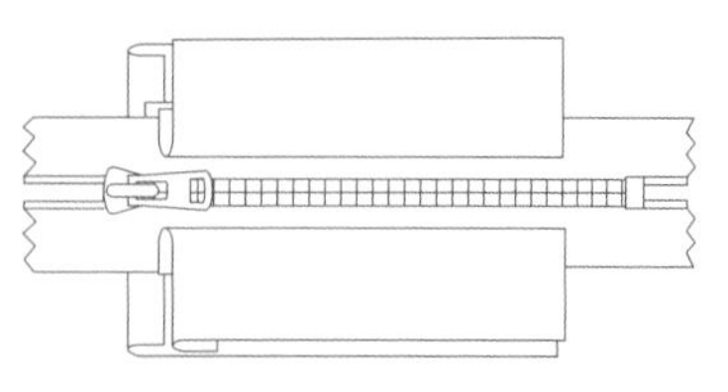

2.拉鍊超出於側身的縫法

c.

托特包

拉鍊超出側身布的造型。
不必移動拉頭，
只要從側身的一端車縫至另一端，
就能輕鬆地將拉鍊縫上。

Design&make 青山恵子

作法Lesson P.23
材料&裁布圖 P.69

建議使用的拉鍊

VISLON®拉鍊　金屬拉鍊

素材提供　Needlework Tansy

Lesson

＊材料＆裁布圖參照P.69。
＊為方便理解，示範時更換了布料與縫線的顏色。

1. 縫上內口袋

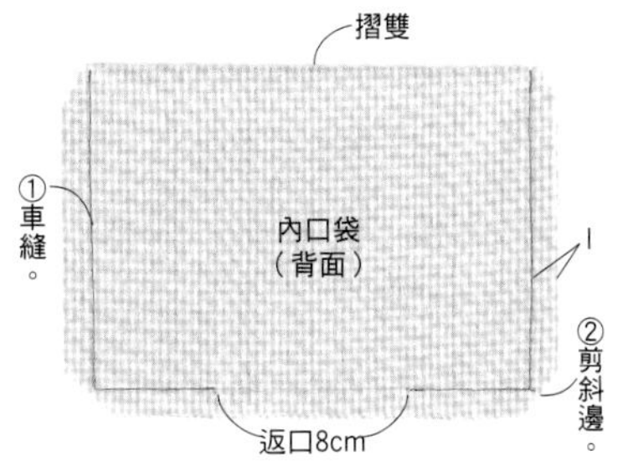

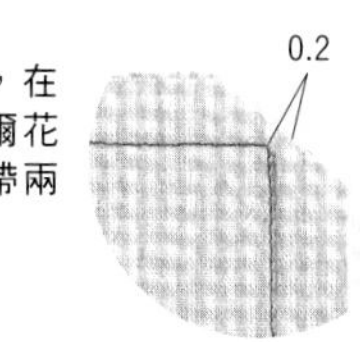

①內口袋翻至正面，在口袋口縫上提洛爾花紋織帶，並將織帶兩端摺入裡側。

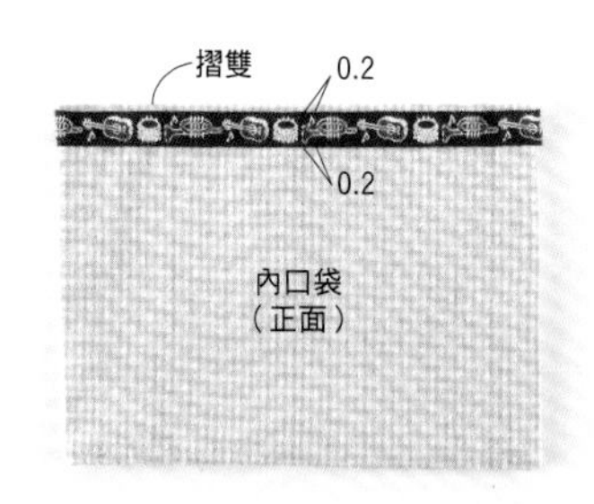

②將內口袋縫至裡布。口袋口的兩端車縫成三角形，提升牢固度。

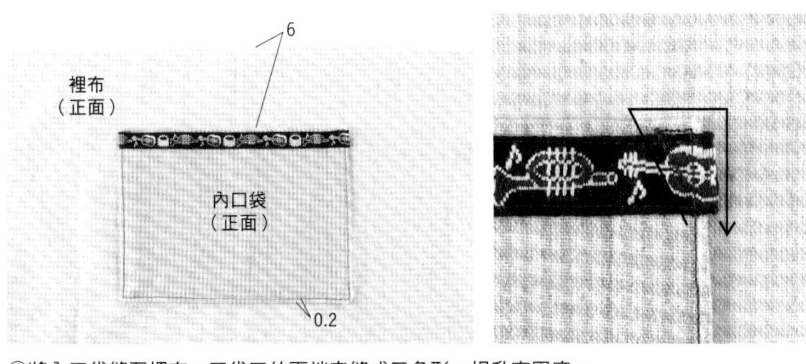

③將內口袋縫至裡布。口袋口的兩端車縫成三角形，提升牢固度。

2. 拉鍊接縫側身

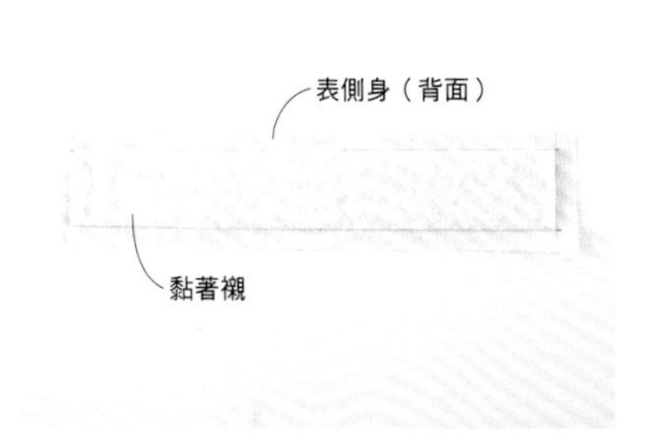

①在表側身的背面貼上黏著襯。將黏著襯的膠面朝上，放上布後以低至中溫的熨斗燙貼。

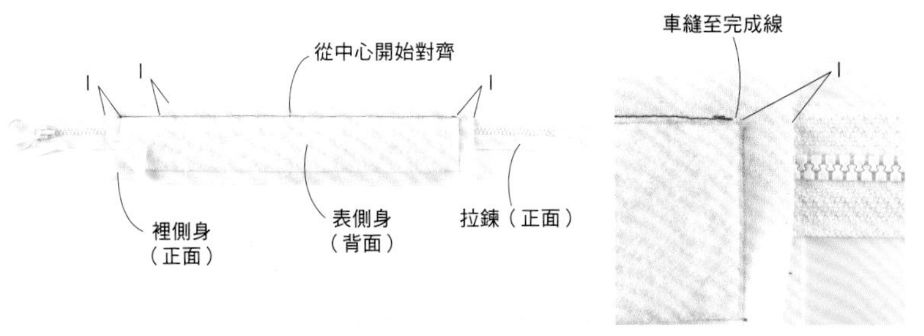

②對齊拉鍊及表・裡側身的中心，車縫兩端至完成線。由於拉鍊超出側身布，所以直接拉上拉鍊，從側身布的一端車縫到另一端。

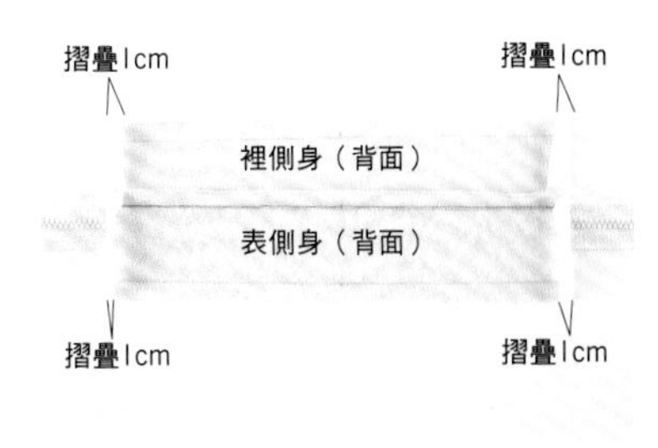

③摺疊左右端的縫份，裡側身向上翻。

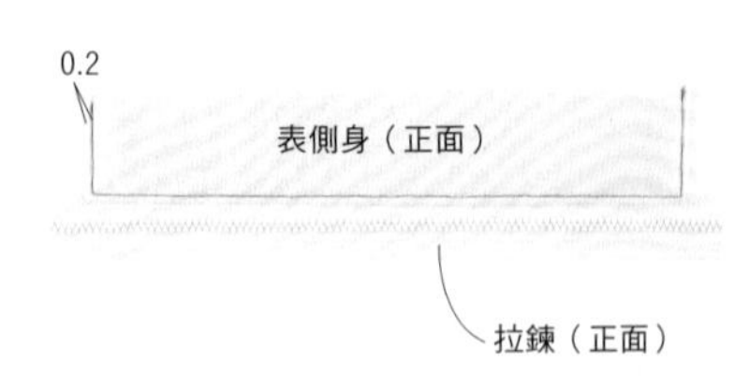

④表・裡側身背面相對疊合，在三個邊壓線。

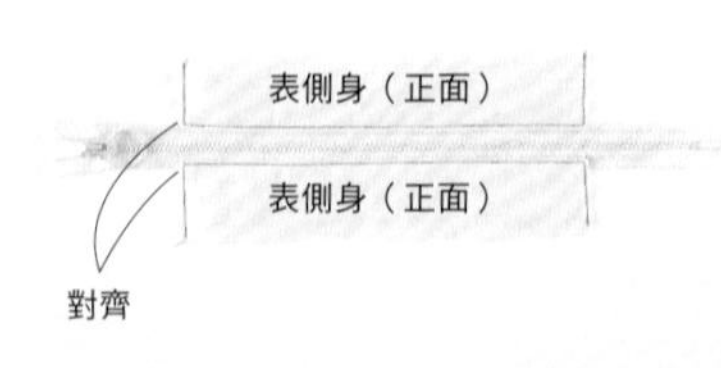

⑤以相同方式將另一側的拉鍊接縫於表・裡側身。注意兩邊的側身位置要對齊，不可錯開。

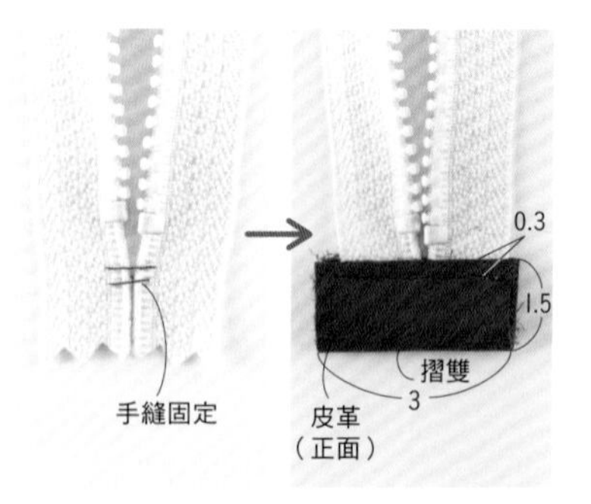

⑥以皮革夾縫拉鍊的頭尾端。先以手縫將上止部分的布帶縫合，再以皮革夾縫時會更好作業。

3. 製作提把並接縫至表布

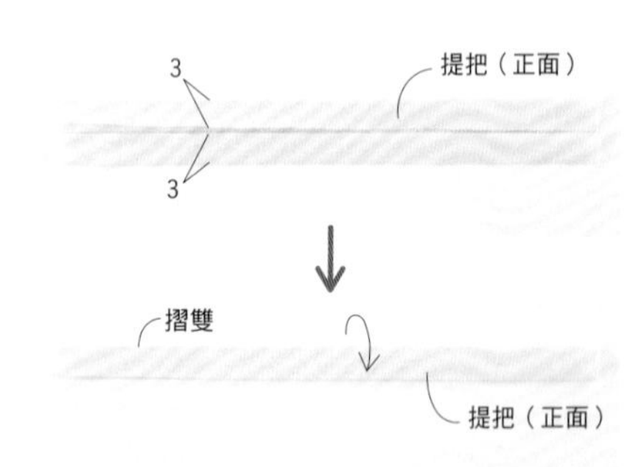

①提把兩端摺向中心，之後再對摺。

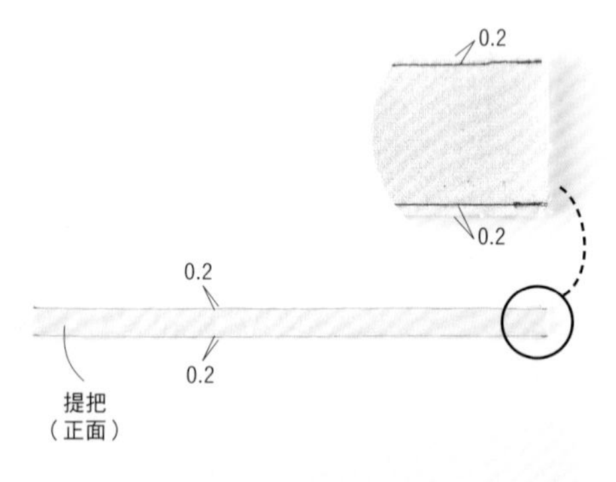

②在提把兩端壓線。製作兩條。

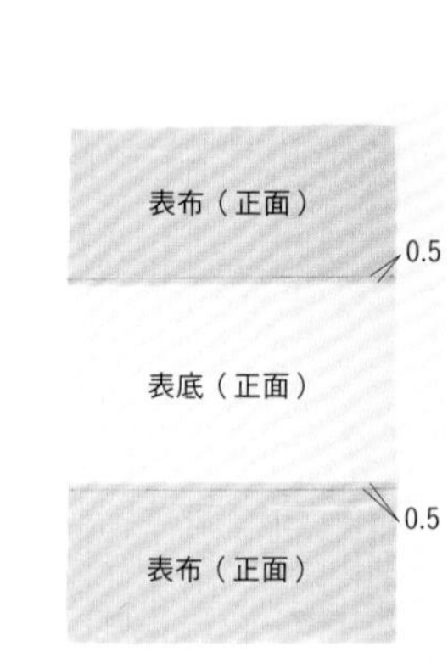

③表布與表底正面相對疊合車縫。縫份倒向表布側後壓線。

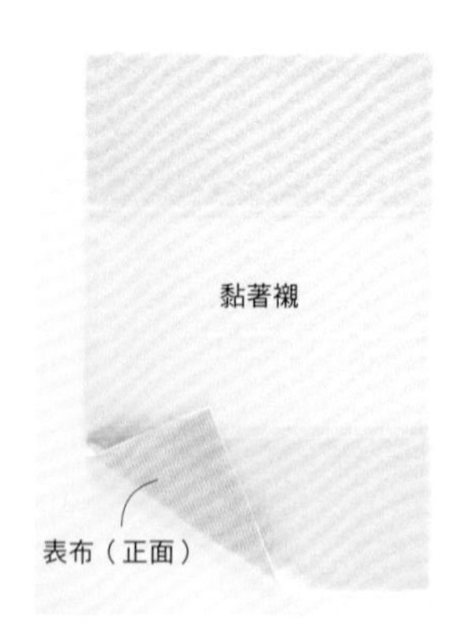

④在表布・表底的背面貼上黏著襯。

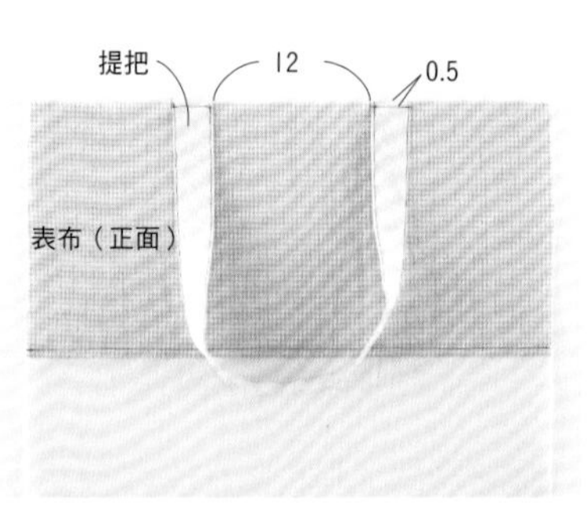

⑤提把疏縫固定於表布的袋口。另一側的表布也同樣疏縫上提把。

4. 在裡布縫上側身與口布

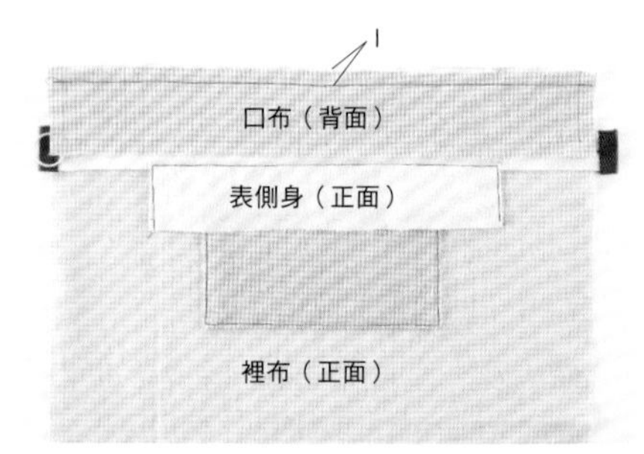

①在裡布（正面）的最上方疊上表側身，接著再與表側身正面相對的疊上口布並車縫。

5. 車縫表布與口布

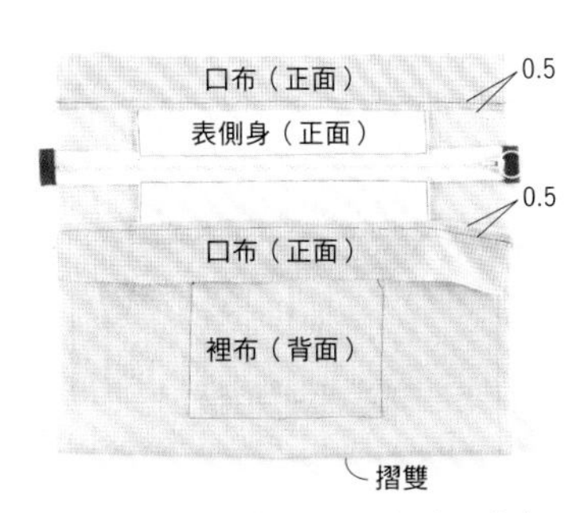

②另一側也以相同方式在裡布縫上側身與口布。縫份倒向口布側後壓線。

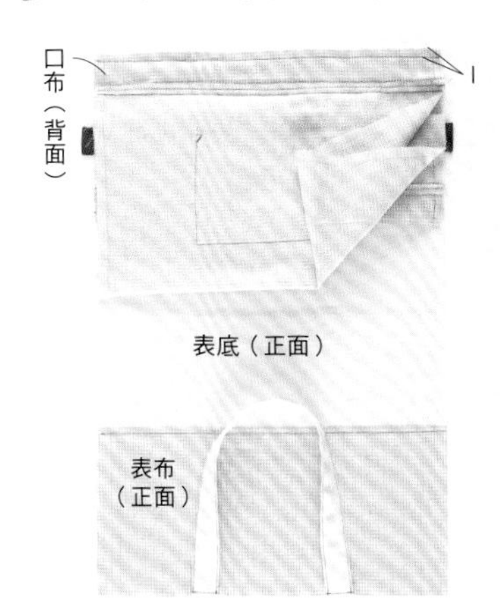

①表布與口布正面相對疊合，車縫袋口。

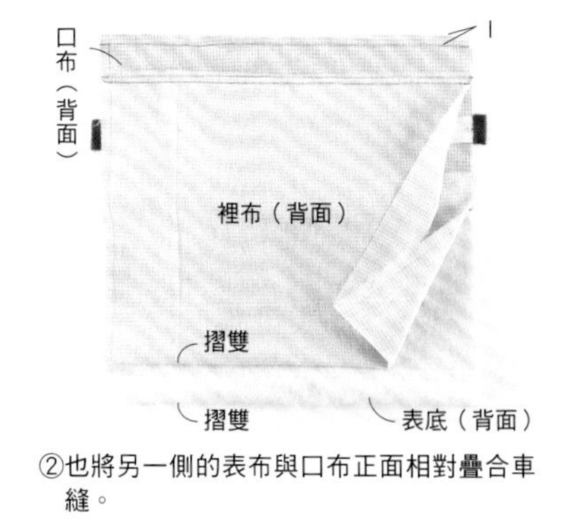

②也將另一側的表布與口布正面相對疊合車縫。

6. 車縫脇邊與袋底打角

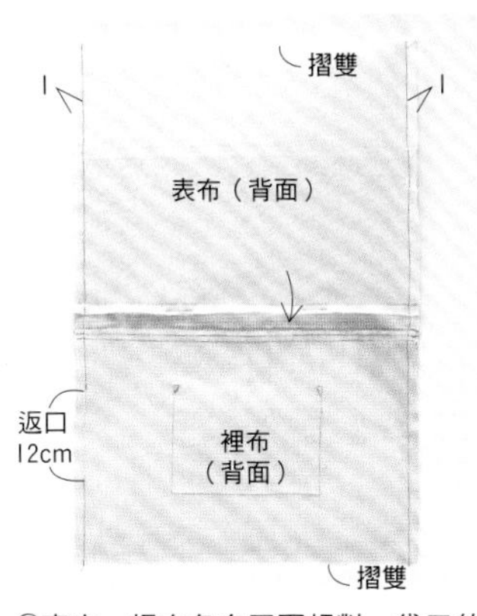

①表布・裡布各自正面相對。袋口的縫份倒向口布側，單片裡布預留返口後車縫脇邊，再熨開縫份。

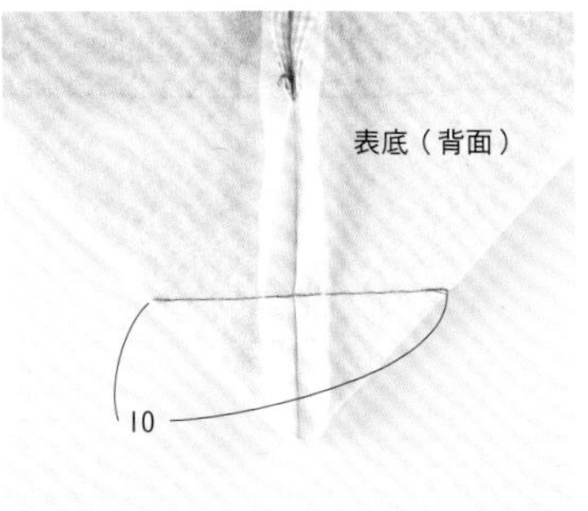

②對齊脇邊與袋底摺疊，進行打角車縫。其他三處也以相同方式車縫。

7. 整理完成

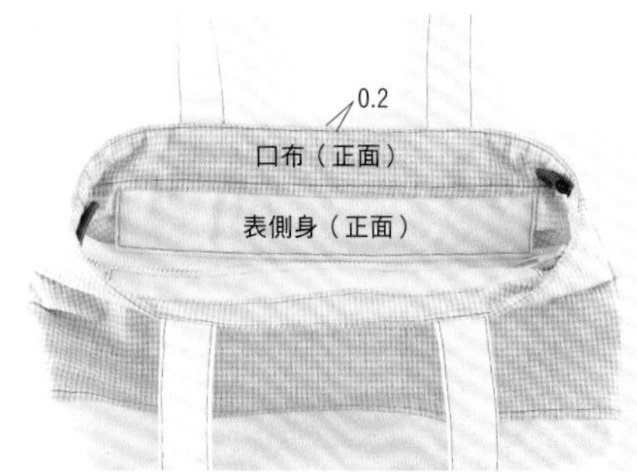

①從返口翻至正面，整燙後在袋口壓線。

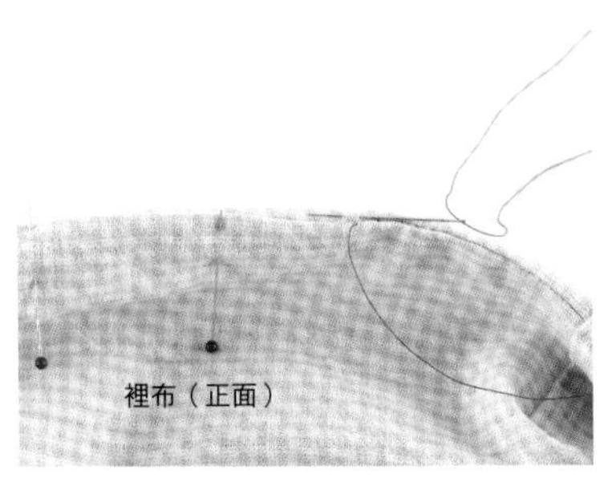

②以藏針縫將返口縫合。

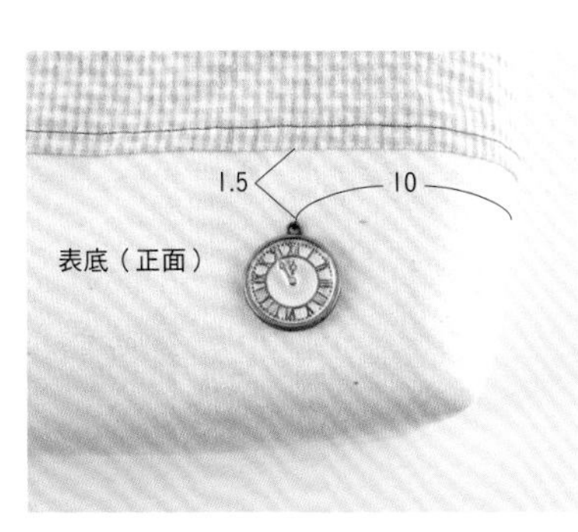

③在前側加上墜飾。

完成！

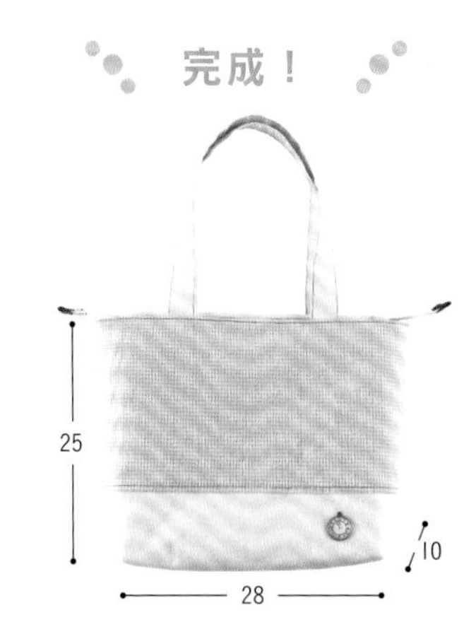

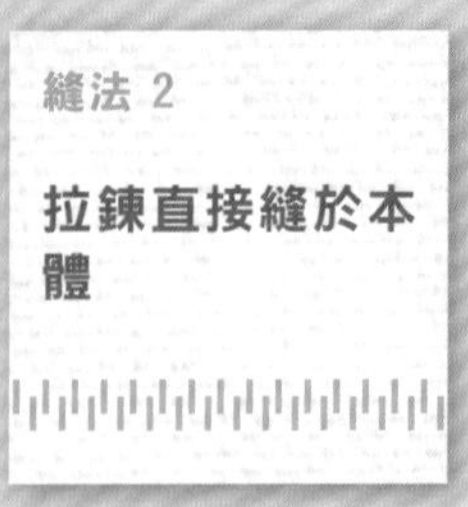

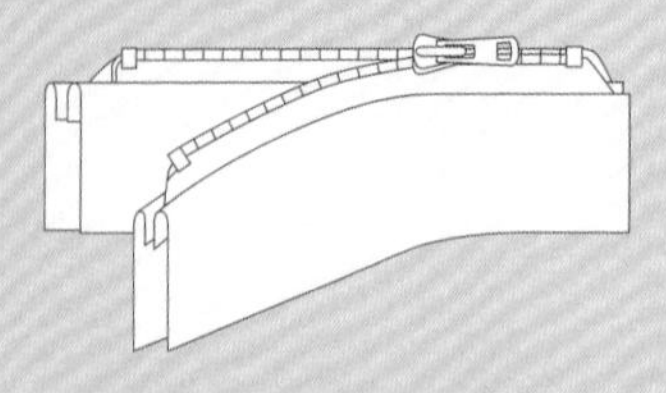

I.拉鍊筆直縫在本體的最上方

d.
附外口袋波奇包

拉鍊筆直接縫於本體的基本款扁平波奇包。因為是接縫於本體最上方，拉鍊兩端的收尾作業變得很重要。

Design&make 青山恵子

拉鍊縫法Lesson P.27
作法 P.71

建議使用的拉鍊

金屬拉鍊　VISLON®拉鍊　EFLON®拉鍊　FLATKNIT®拉鍊

素材提供　Needlework Tansy

Lesson 拉鍊の縫法

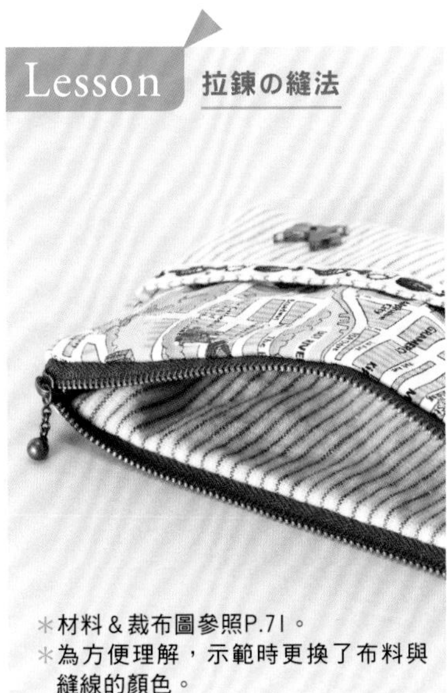

＊材料＆裁布圖參照P.71。
＊為方便理解，示範時更換了布料與縫線的顏色。

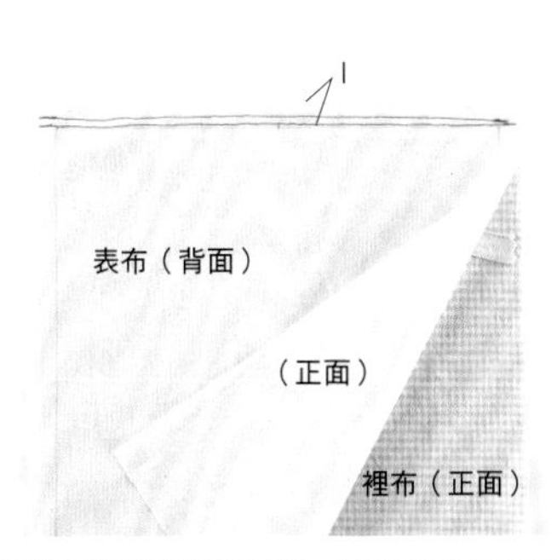

①拉鍊與表布正面相對，從中心開始對齊，與表布的最上端錯開0.5cm。上耳及下耳沿上下止摺成三角形後疏縫固定。

②裡布與表布正面相對，對齊最上端後車縫。

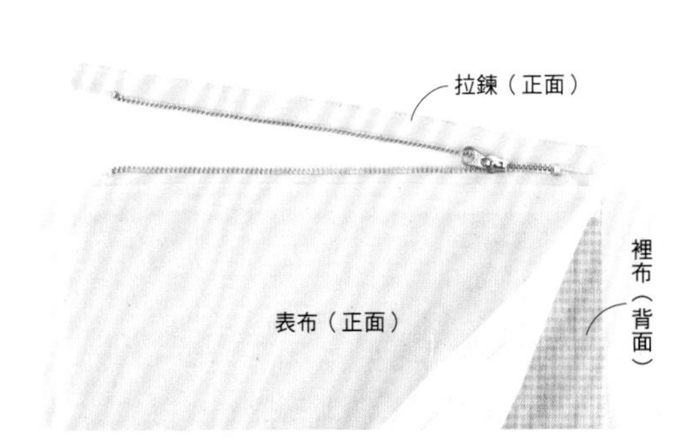

③翻至正面後整燙。

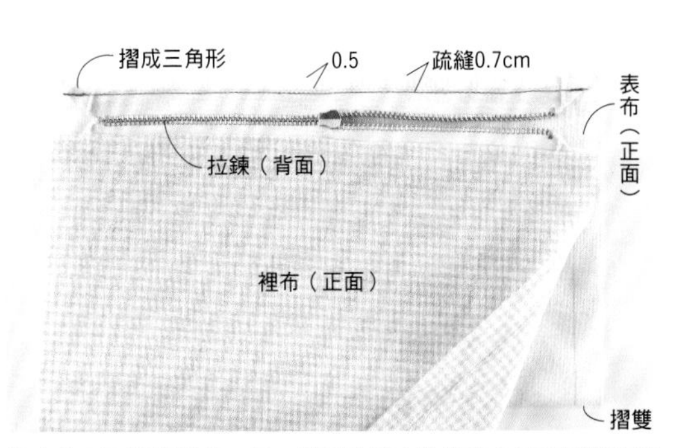

④表布正面相對摺疊。另一側的拉鍊布帶與表布正面相對疏縫固定。拉鍊置於表布最上端向下0.5cm處。

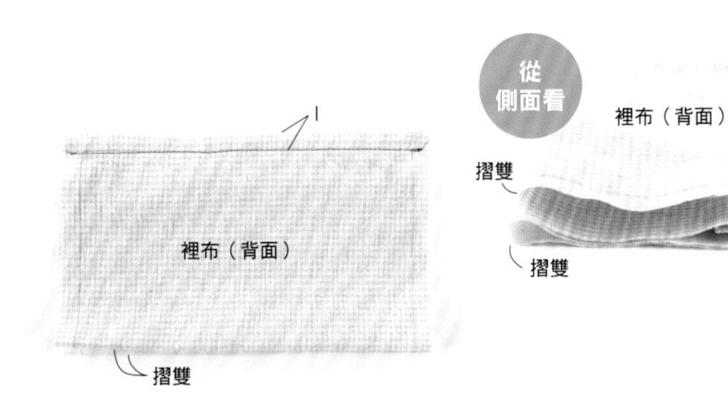

⑤裡布也是正面相對摺疊，表布與裡布對齊邊端後車縫，事先拉開拉鍊。

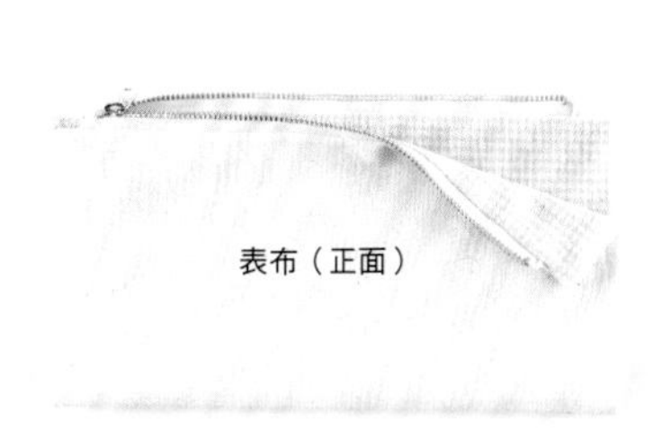

⑥翻至正面，拉鍊筆直的縫在最上方。接下來的作法參考P.71。

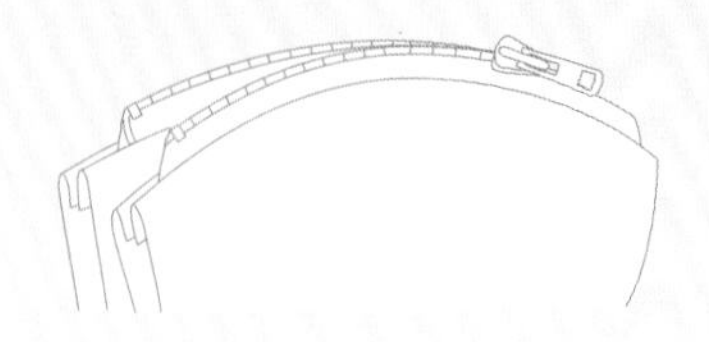

2.配合曲線接縫拉鍊

e.
迷你波奇包

握在手掌的小巧尺寸，圓鼓鼓的可愛造型。配合本體的曲線，先以數根珠針固定再縫上拉鍊。

Design&make　青山恵子

拉鍊縫法Lesson P.29
作法 P.72

建議使用的拉鍊

FLATKNIT®拉鍊

素材提供　Needlework Tansy

Lesson 拉鍊縫法

＊材料＆裁布圖參照P.72。
＊為方便理解，示範時更換了布料與縫線的顏色。

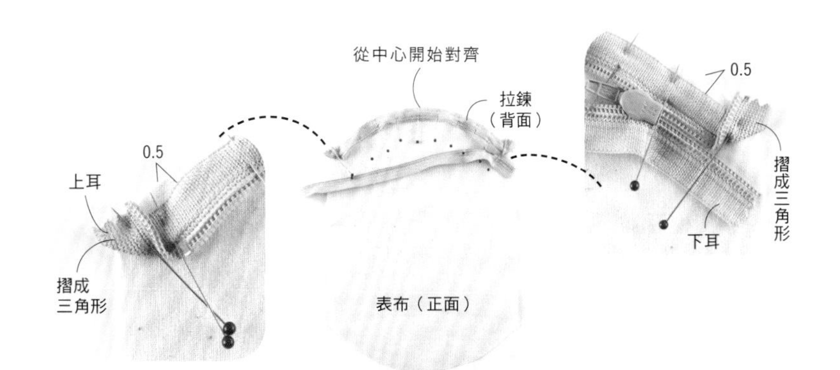

①表布與拉鍊正面相對疊合，多以幾根珠針固定。拉鍊與表布最上端錯開0.5cm，上耳及下耳沿上下止摺成三角形。

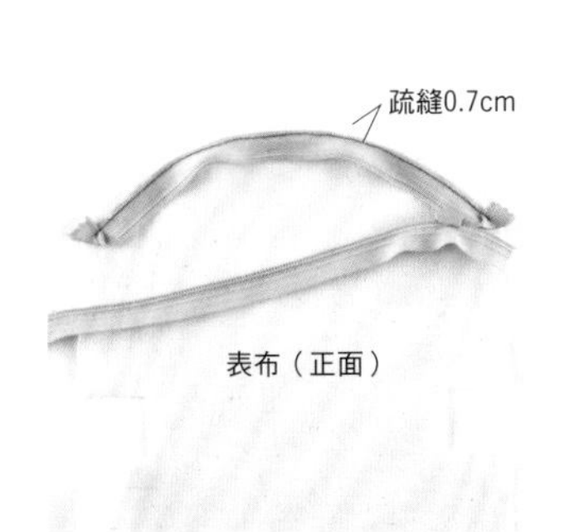

②拉鍊疏縫固定於表布。

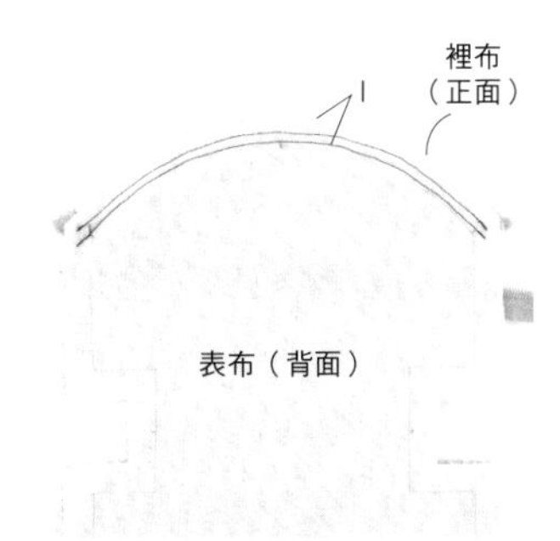

③表布與裡布正面相對，夾入拉鍊對齊端部後車縫。

一邊以手緊按一邊車縫，這樣拉鍊才會車得平整而無皺褶。

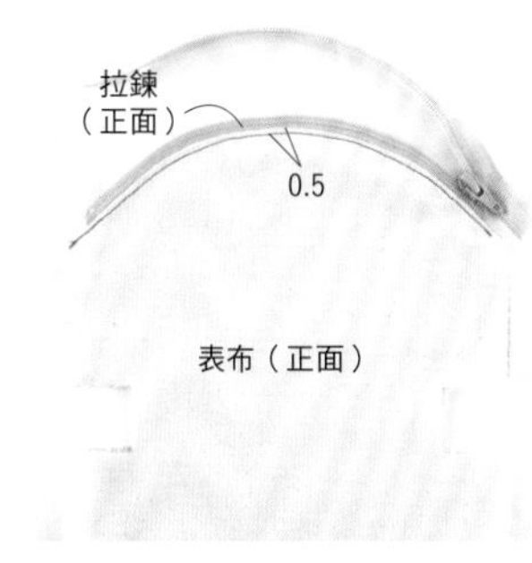

④翻至正面，整燙後壓線。

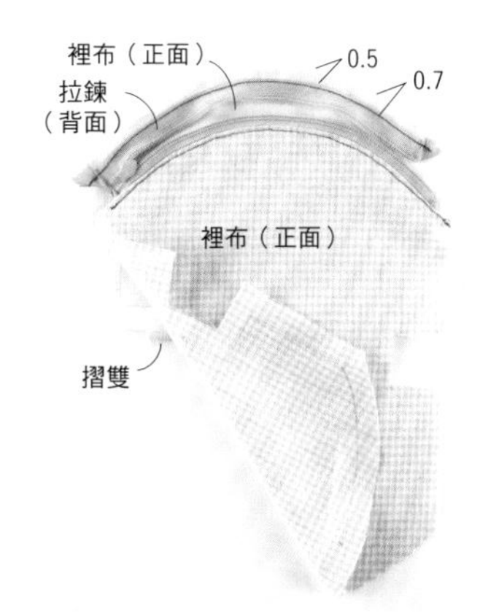

⑤另一側的布帶也以相同方式疏縫固定於表布。

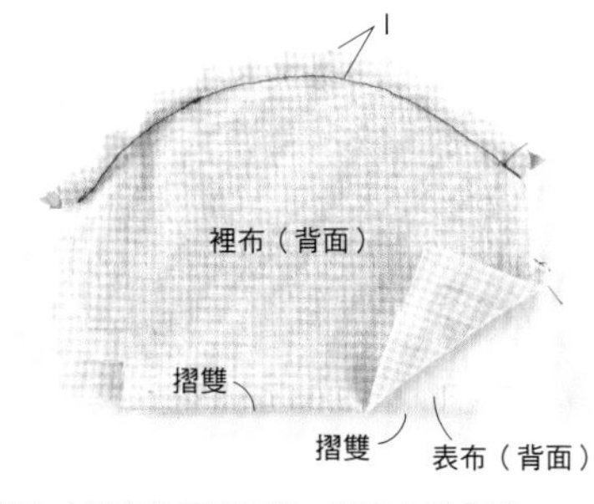

⑥表布與裡布正面相對，對齊布端車縫。

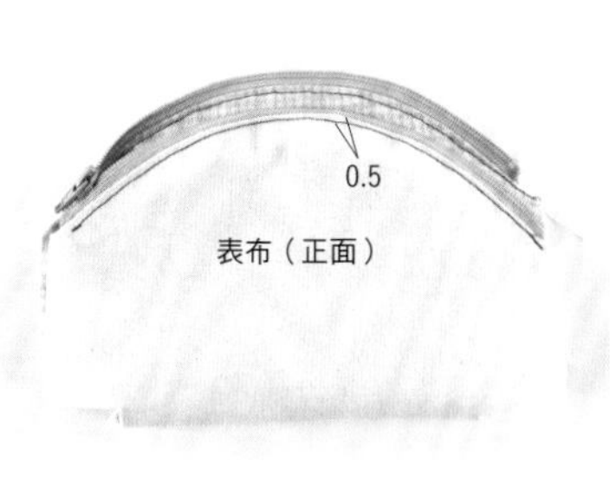

⑦翻至正面後壓線。後續作法參考P.72。

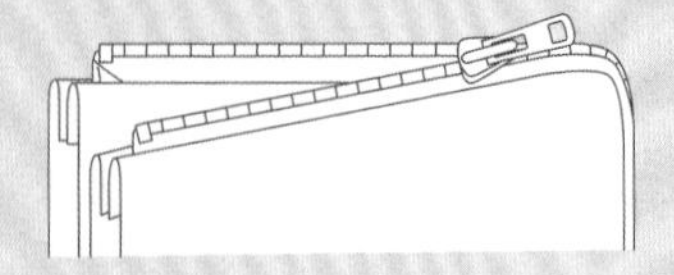

3.拉鍊彎成直角車縫

f.
小錢包

小小的錢包內還附上收納零錢的口袋。當拉鍊遇到急彎曲線時，在布帶剪牙口是一個重點。布帶的兩端要摺疊成完全藏入表布與裡布之間。

Design&make　越膳夕香

拉鍊縫法Lesson P.31
作法 P.73

建議使用的拉鍊

金屬拉鍊　EFLON®拉鍊　FLATKNIT®拉鍊

Lesson 拉鍊縫法

＊材料＆裁布圖參照P.73。
＊為方便理解，示範時更換了布料與縫線的顏色。

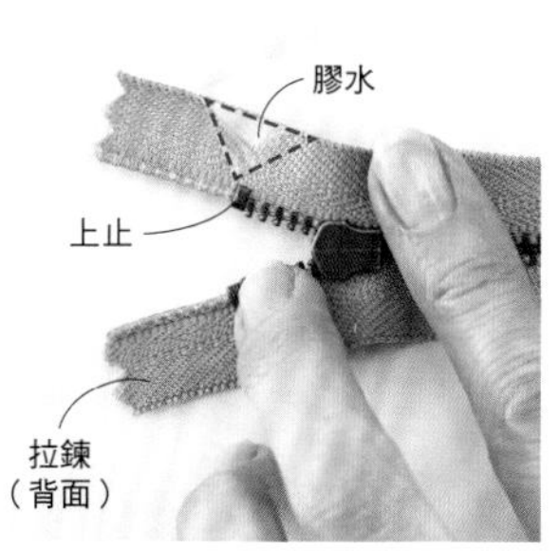

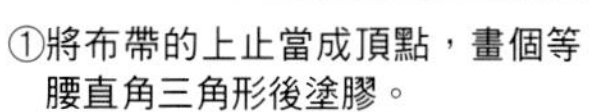

①將布帶的上止當成頂點，畫個等腰直角三角形後塗膠。

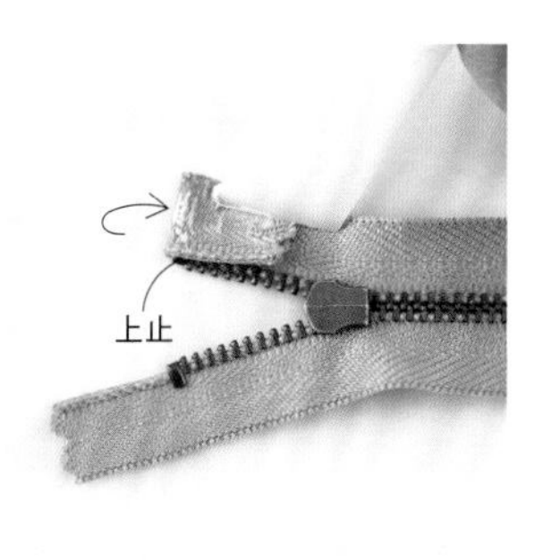

②沿上止的位置將上耳背面相對的反摺，再塗上膠。

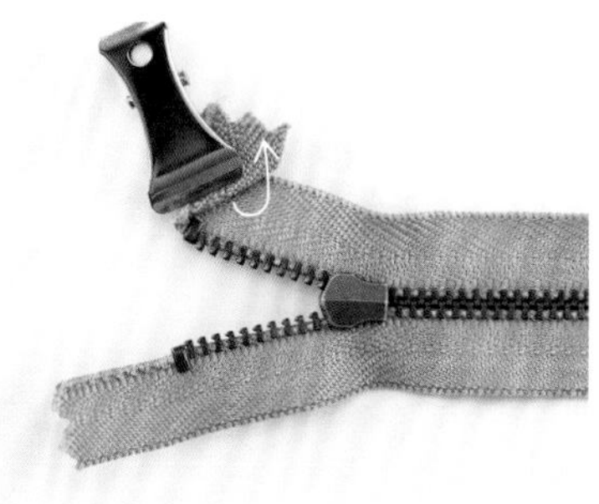

③接著將上耳摺成三角形，以夾子固定直到膠水乾掉。

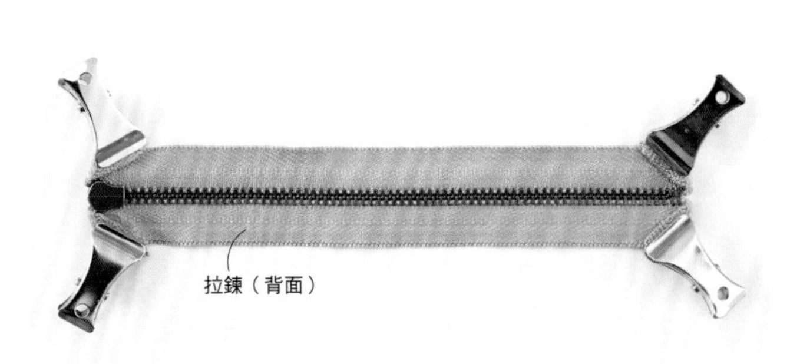

④以相同方式處理另一邊的上耳及兩邊下耳。

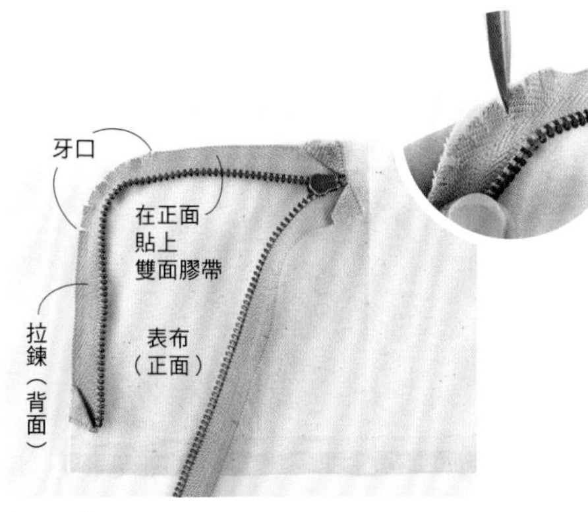

⑤在布帶端貼上0.3cm寬的布用雙面膠帶，將表布與布帶正面相對疊合。在摺彎的布帶上多剪幾個牙口。

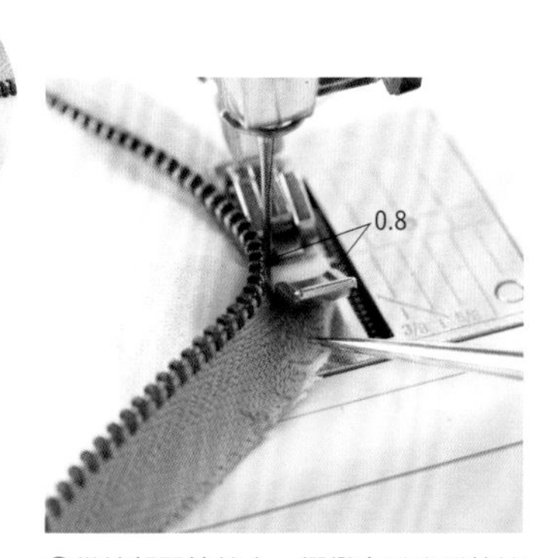

⑥從端部開始縫合。摺彎處以尖錐等按壓車縫，注意不要車成皺皺的。

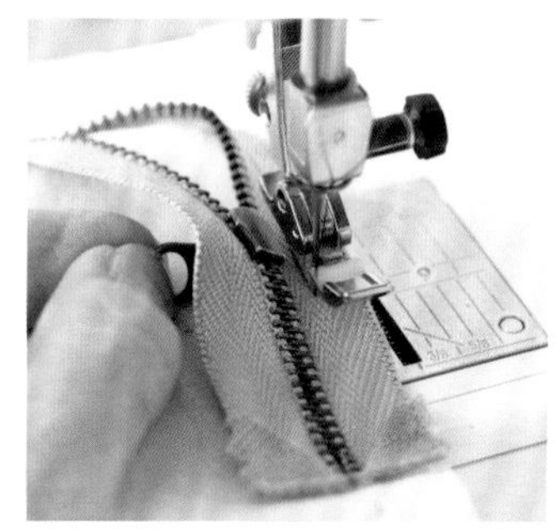

⑦中途放下車針，暫停車縫。抬高壓布腳，將拉頭向上拉後再繼續縫。

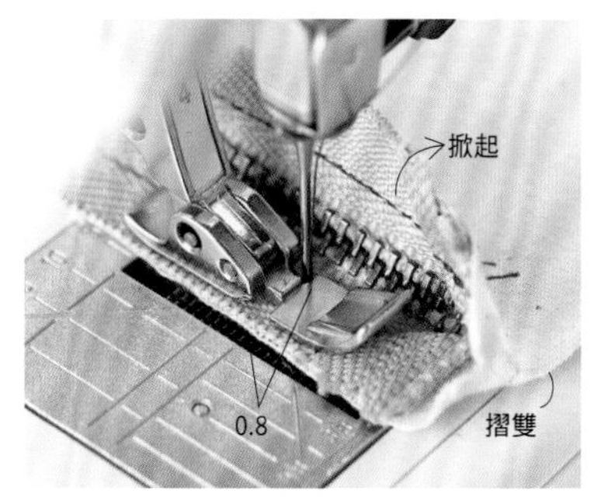

⑧另一側的布帶也是表布與裡布正面相對疊合車縫。脇邊部分因為表布已經摺雙，會有點難縫，可將表布掀開車縫到布帶尾端。

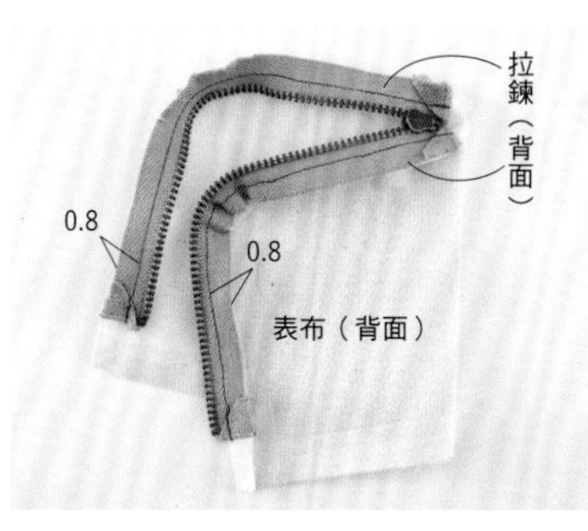

⑨將拉鍊縫合固定於表布。

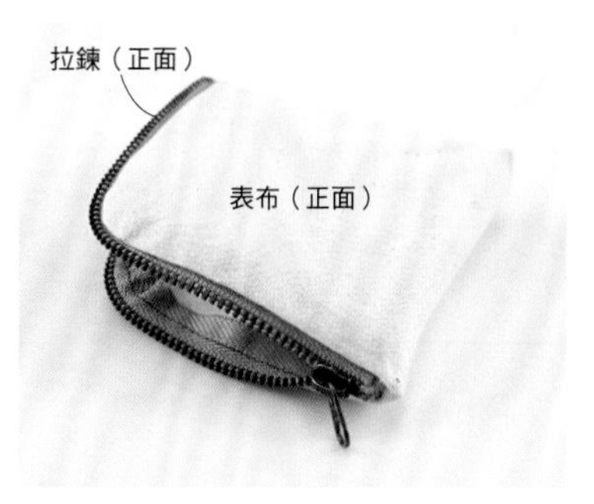

⑩車縫脇邊與側身並翻至正面的樣子。即使是彎的曲線，一樣可以漂亮的縫上拉鍊。後續作法參考P.73。

g.

支架口金側背包

拉鍊夾縫於表布與裡布之間，兩端自然突出於本體。即使袋口裝上支架口金，一樣能工整地縫上拉鍊。

Design&make　青山惠子

拉鍊縫法Lesson P.33
作法 P.74

建議使用的拉鍊

金屬拉鍊　VISLON®拉鍊　EFLON®拉鍊　FLATKNIT®拉鍊

素材提供　Needlework Tansy

Lesson 拉鍊縫法

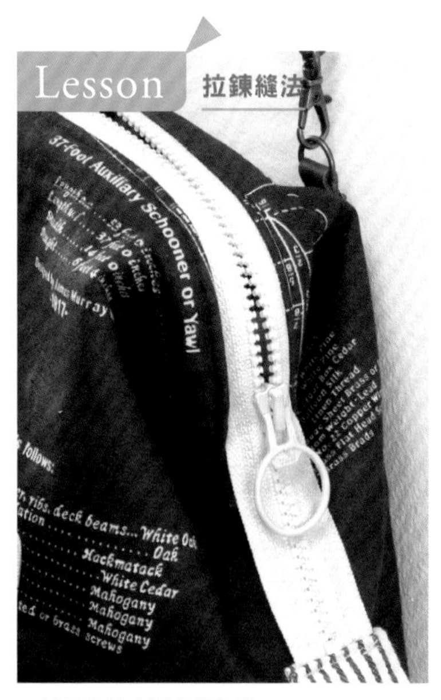

＊材料＆裁布圖參照P.74。
＊為方便理解，示範時更換了布料與縫線的顏色。

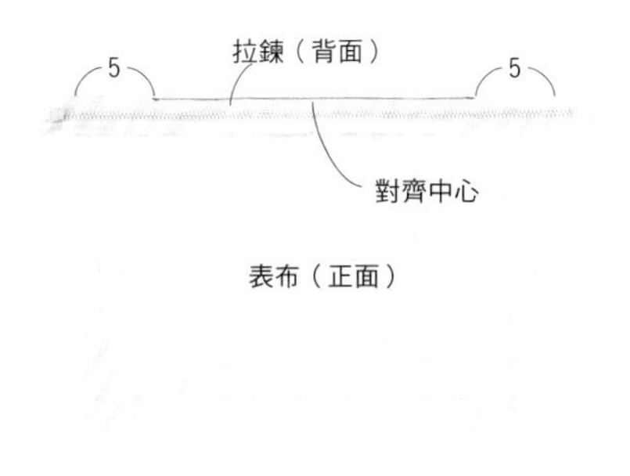

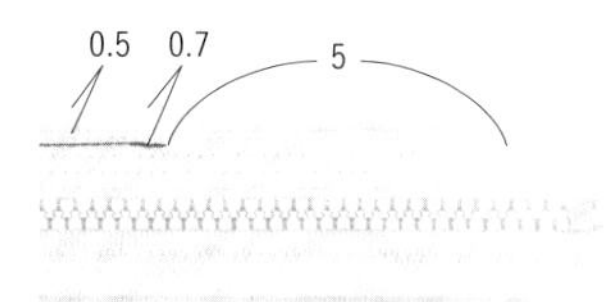

①表布與拉鍊布帶正面相對，對齊中心，兩脇邊預留5cm不縫。

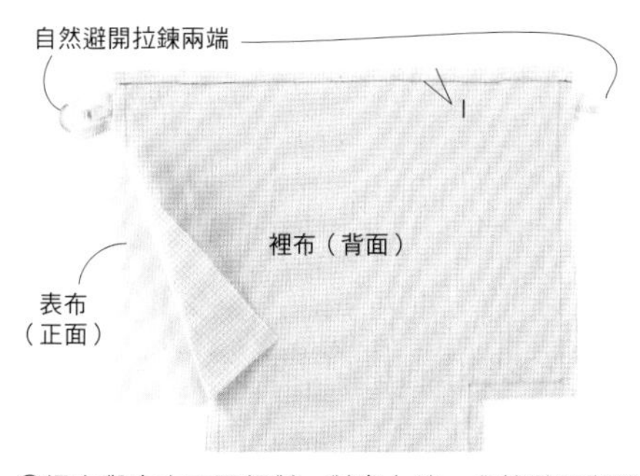

②裡布與表布正面相對，對齊上端。自然避開留縫的拉鍊，車縫袋口。

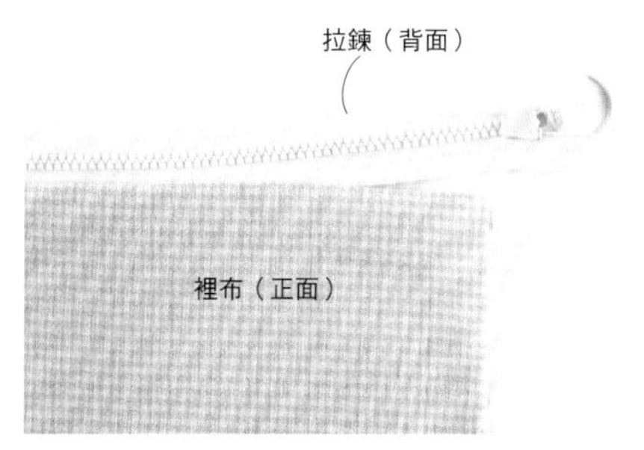

③翻至正面，以熨斗整燙。露出未接縫部分的拉鍊。

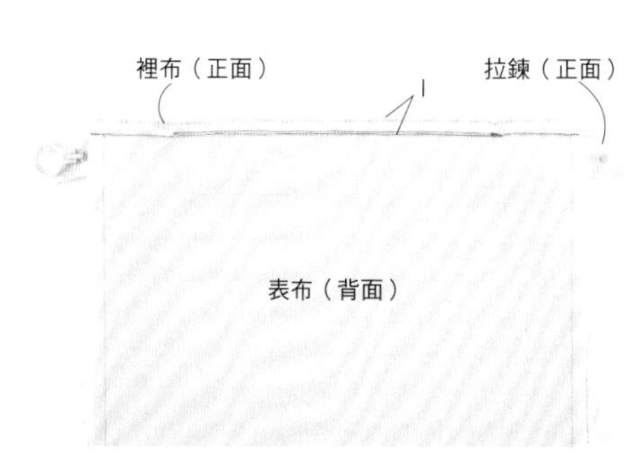

④也以相同方式車縫另一側布帶的表布與裡布。

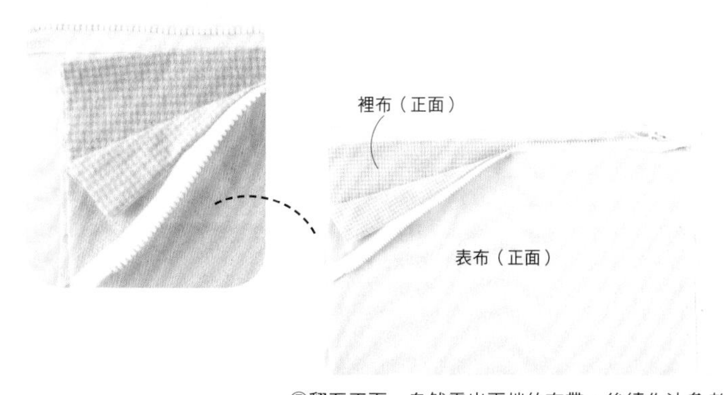

⑤翻至正面，自然露出兩端的布帶。後續作法參考P.74。

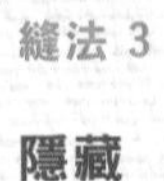

縫法 3

隱藏
拉鍊的鍊齒

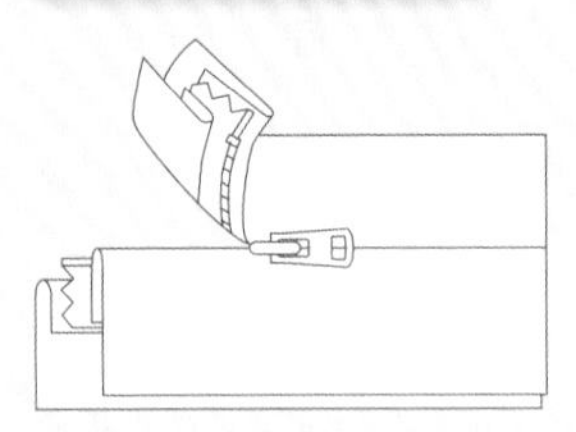

1.接合表布以遮住鍊齒

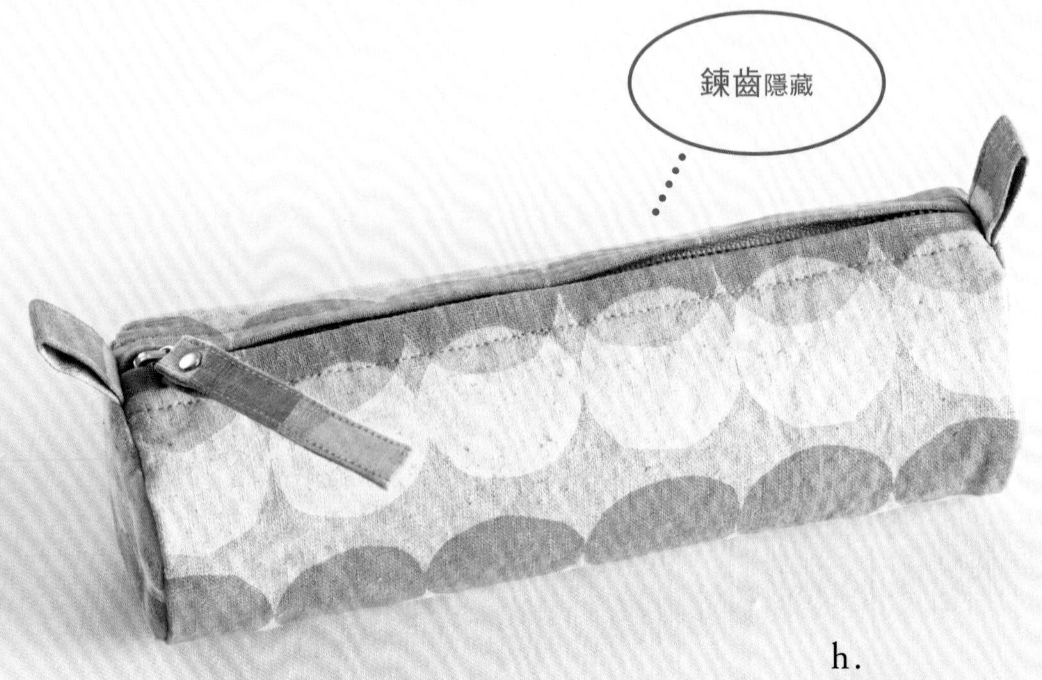

h.
筆袋

袋口處的表布在拉鍊的中心接合，將鍊齒隱藏起來。另行製作裡袋，之後再對齊袋口以藏針縫與表袋縫合。

Design&make　越膳夕香

拉鍊縫法Lesson　P.35
作法　P.76

建議使用的拉鍊

金屬拉鍊　VISLON®拉鍊　EFLON®拉鍊　FLATKNIT®拉鍊

Lesson 拉鍊縫法

＊材料&裁布圖參照P.76。
＊為方便理解，示範時更換了布料與縫線的顏色。

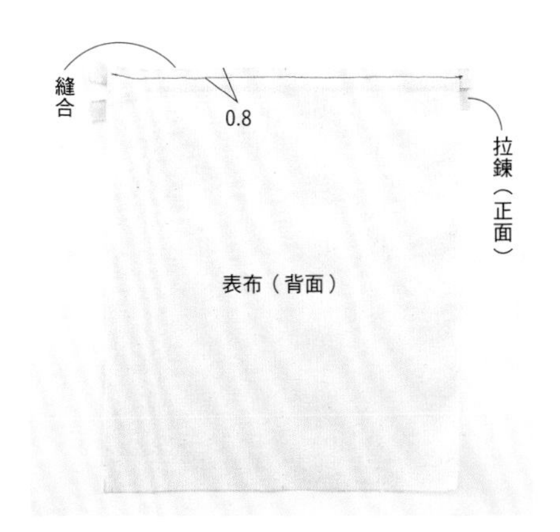

①拉鍊布帶與表布正面相對疊合，對齊端部車縫。

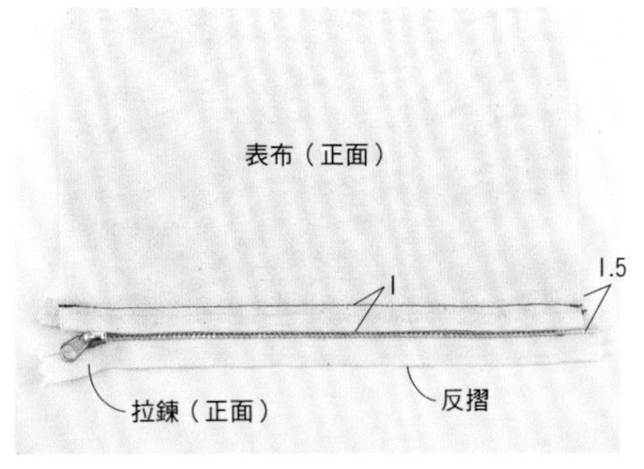

②表布沿著完成線反摺後壓線。

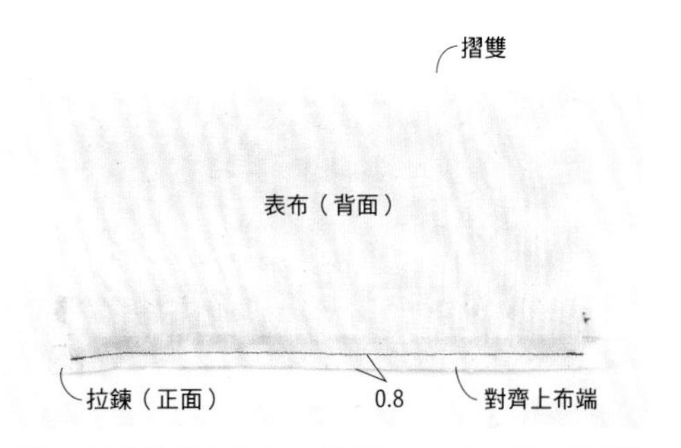

③另一側的布帶也與表布正面相對疊合，對齊端部車縫。

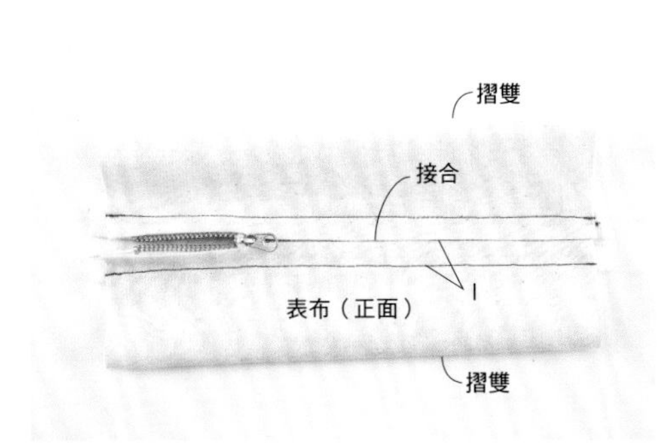

④表布沿著完成線反摺後壓線。表布在拉鍊的中心接合。後續作法參考P.76。

接縫裡袋的方法

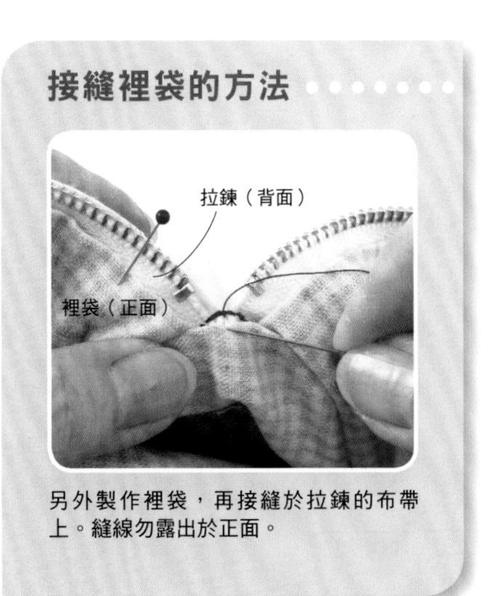

另外製作裡袋，再接縫於拉鍊的布帶上。縫線勿露出於正面。

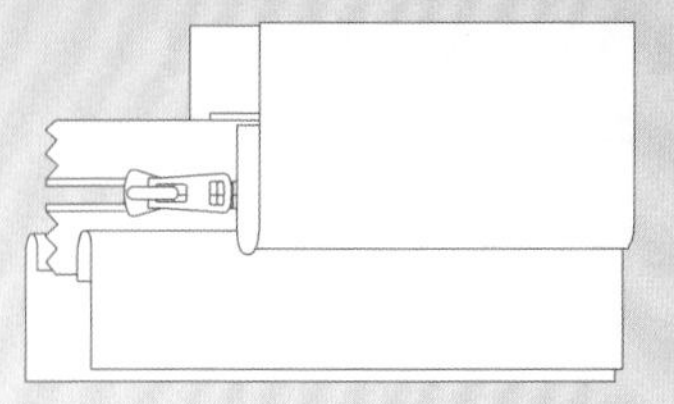

2.以單側布覆蓋拉鍊以遮住鍊齒

i.
側背包

以上側的表布覆蓋拉鍊鍊齒的設計。最好先在覆蓋布摺出摺線再車縫。

Design&make 越膳夕香

拉鍊縫法Lesson P.37
作法 P.77

建議使用的拉鍊

金屬拉鍊　VISLON®拉鍊　EFLON®拉鍊　FLATKNIT®拉鍊

Lesson 拉鍊縫法

＊材料&裁布圖參照P.77。
＊為方便理解，示範時更換了布料與縫線的顏色。

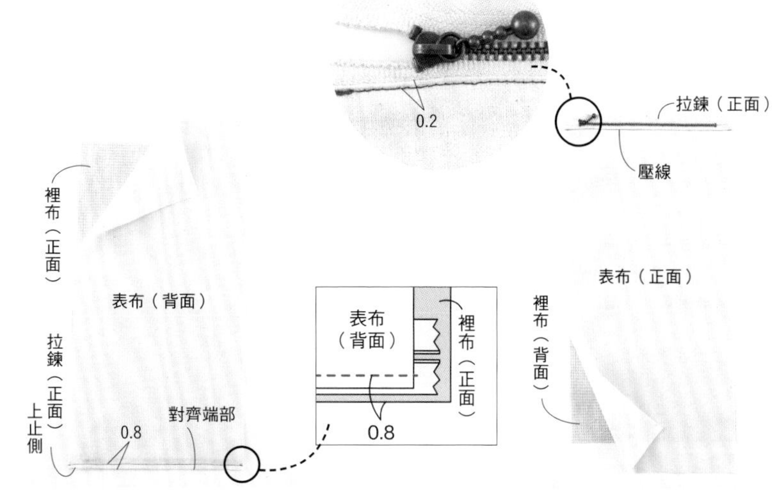

①先將拉鍊的上止側朝左，再以表布與裡布夾縫拉鍊布帶。對齊布帶與表．裡布三者的端部。

②將表布．裡布翻至正面，在摺山旁壓線。

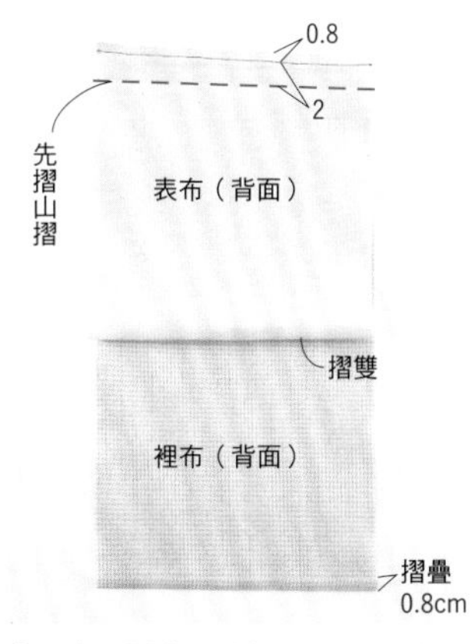

③在表布覆蓋口的摺山與裡布的縫份摺出摺線。表布與拉鍊正面相對疊合車縫。

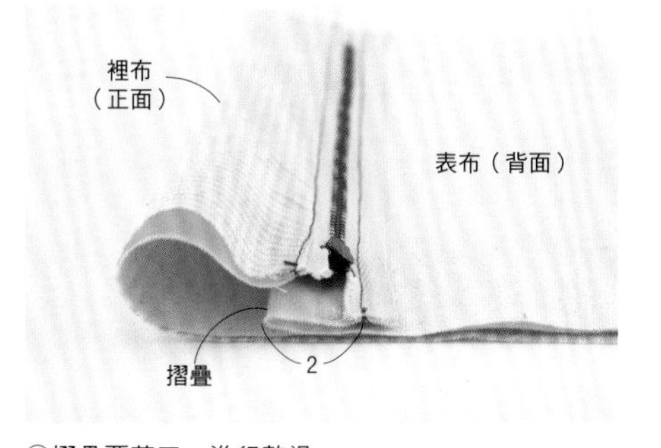

④摺疊覆蓋口，進行整燙。

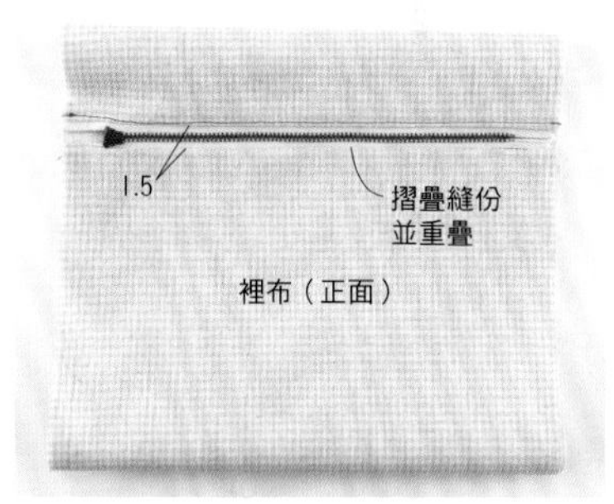

⑤重疊裡布的摺山與③的針趾。

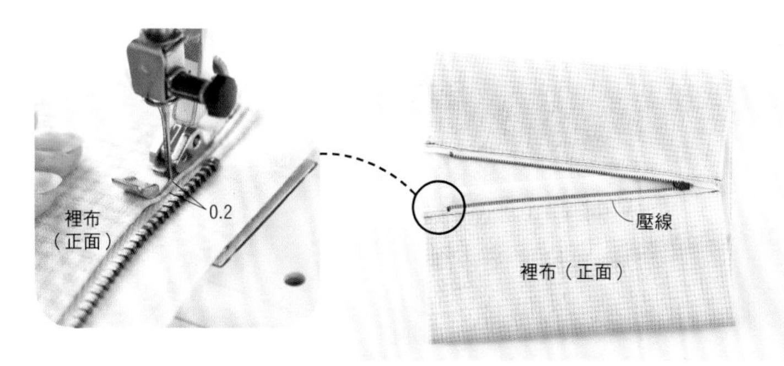

⑥裡布在上，在覆蓋口壓線。

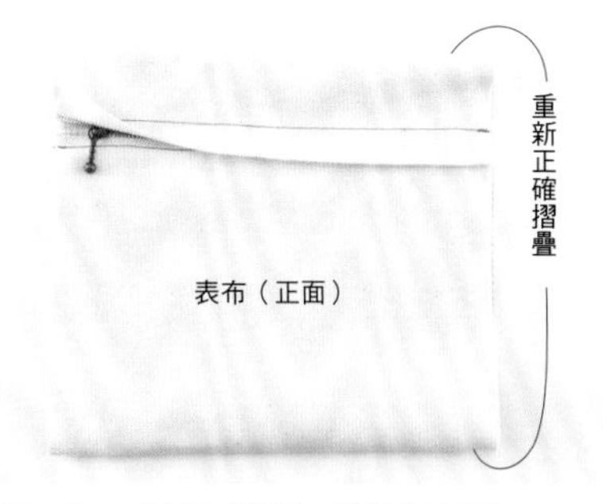

⑦翻至正面，重新正確摺疊。後續作法參考P.77。

縫法 4

拉鍊縫於口袋口

I.一字形拉鍊口袋的作法

j.
口袋托特包

在表布剪切口，製作一字形拉鍊口袋。只要剪好切口再依序作業，其實比想像中簡單。

Design&make 越膳夕香

拉鍊縫法Lesson P.39
作法 P.78

建議使用的拉鍊

金屬拉鍊　VISLON®拉鍊　EFLON®拉鍊　FLATKNIT®拉鍊

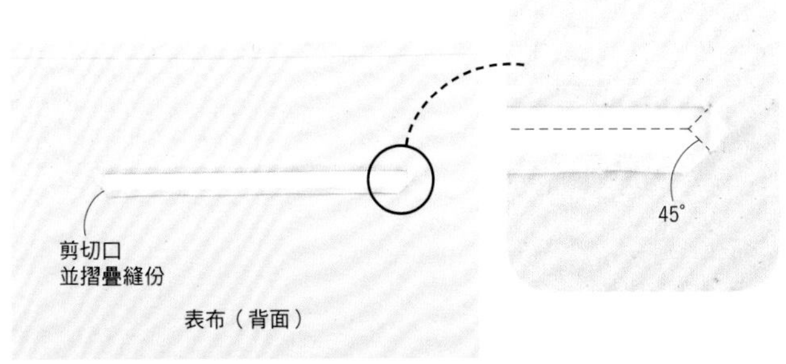

①在表布接縫口袋的位置剪一切口。兩端呈Y字形，以45度角仔細剪出切口。再以熨斗沿完成線邊出摺線。

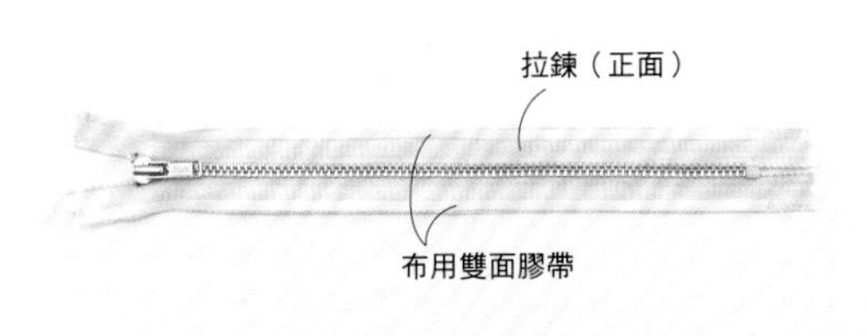

②在拉鍊布帶的兩端貼上0.3cm寬的布用雙面膠帶。背面也貼上。

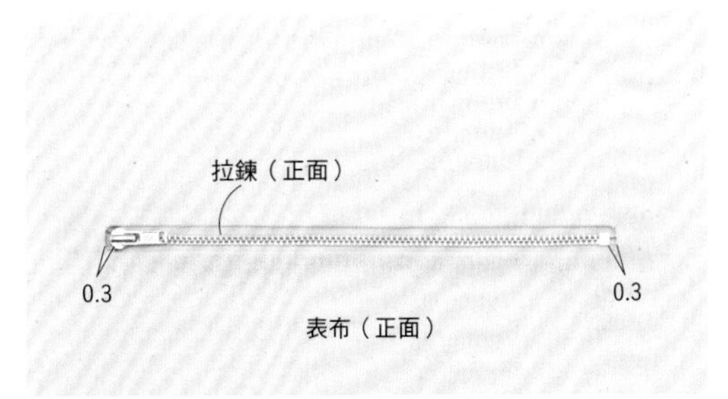

③從背面在表布接縫拉鍊的位置貼上拉鍊。

④將口袋布的布端對齊拉鍊布帶的下側端。

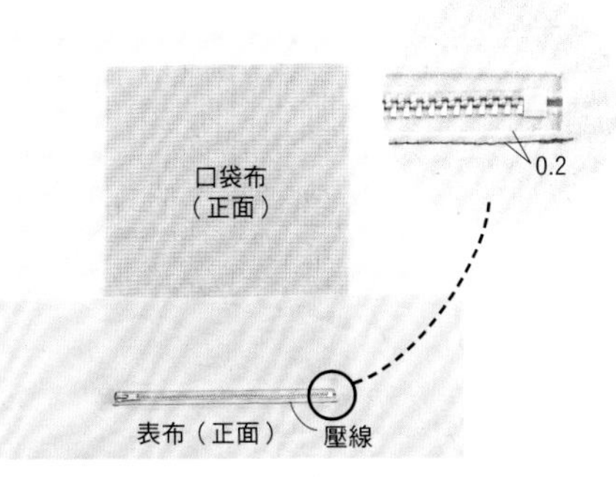

⑤自表側沿口袋口的下側邊緣壓線，再縫合表布・拉鍊・口袋布。

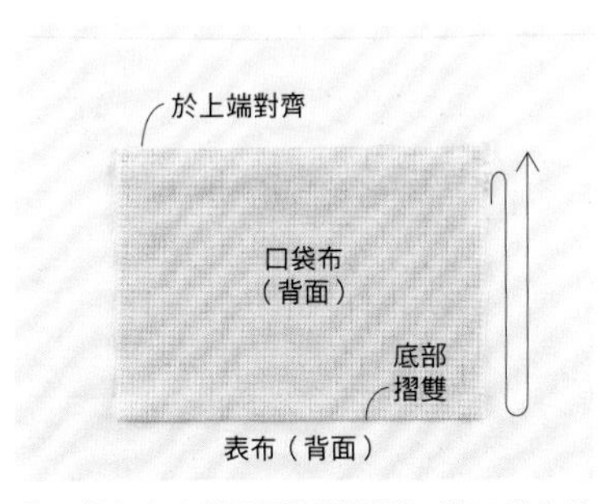

⑥口袋布自底部正面相對對摺，將口袋布的布端對齊拉鍊布帶的上側端。

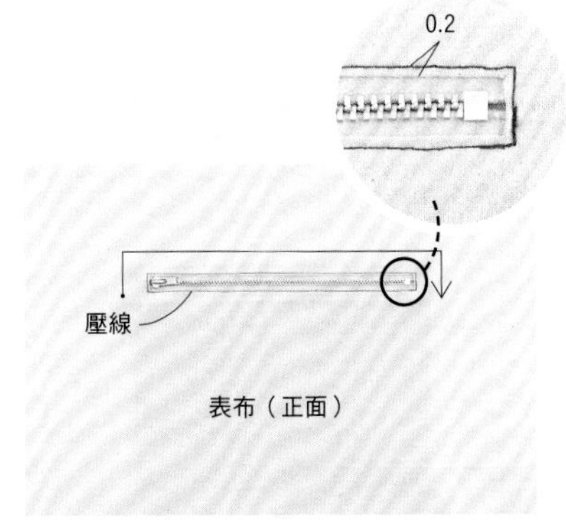

⑦自表側在口袋口的兩脇邊與上側邊緣壓線，呈コ字形。

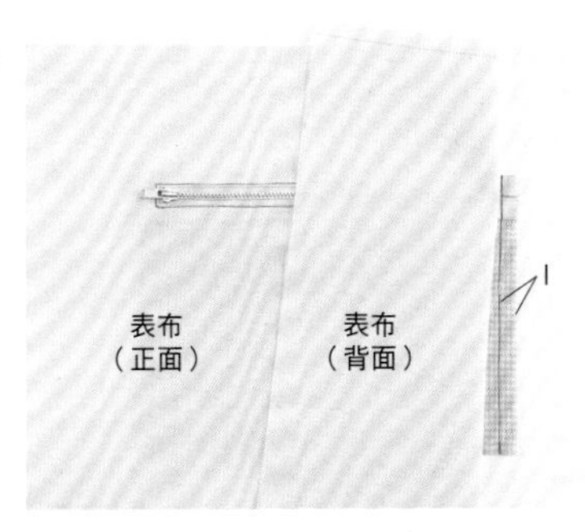

⑧表布上翻，車縫口袋的脇邊。

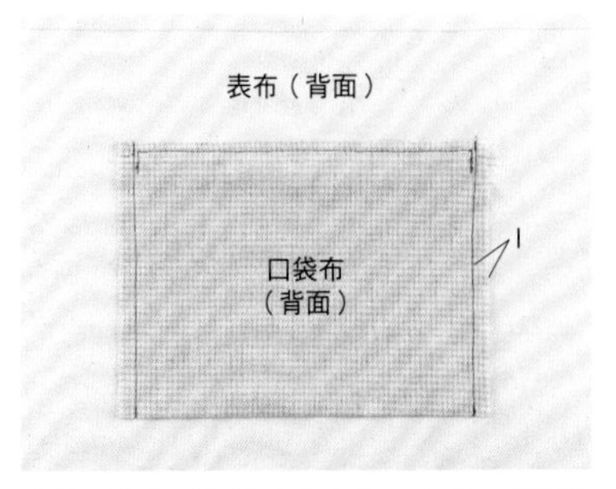

⑨另一側也以相同方式車縫。完成一字形拉鍊口袋。後續作法參照P.79。

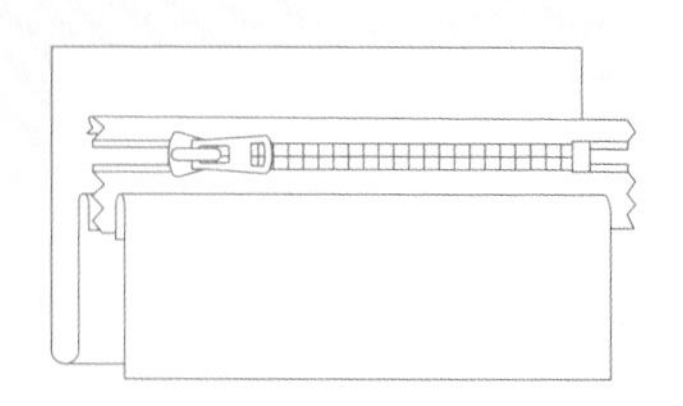

2.單邊拉鍊布帶接縫於本體的口袋

接縫於本體

k.
口袋側背包

拉鍊的布帶一邊接縫表布，另一邊接縫口袋布，製作出將包包的前側當成口袋的造型。

Design&make　青山恵子

拉鍊縫法Lesson　P.41
作法　P.80

建議使用的拉鍊

金屬拉鍊　VISLON®拉鍊　EFLON®拉鍊　FLATKNIT®拉鍊

素材提供　Needlework Tansy

Lesson 拉鍊縫法

＊材料&裁布圖參照P.80。
＊為方便理解，示範時更換了布料與縫線的顏色。

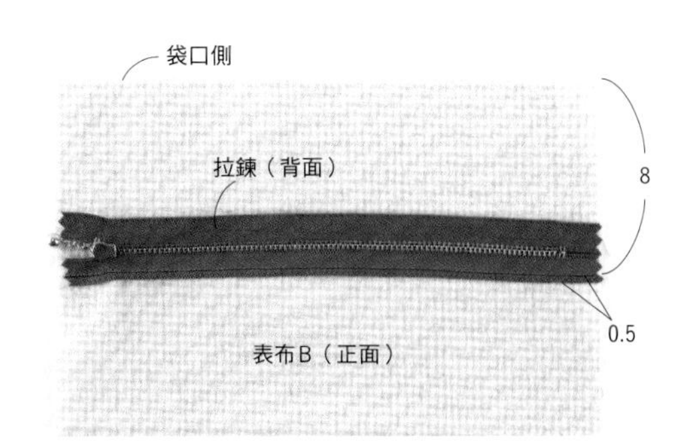

①表布B與拉鍊正面相對，接縫於裝上拉鍊的位置。

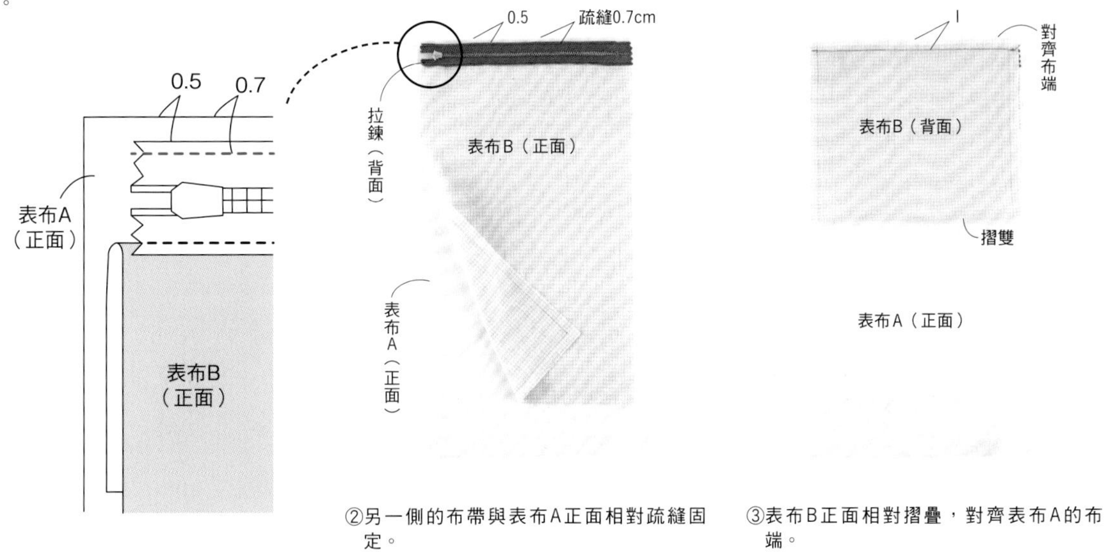

②另一側的布帶與表布A正面相對疏縫固定。

③表布B正面相對摺疊，對齊表布A的布端。

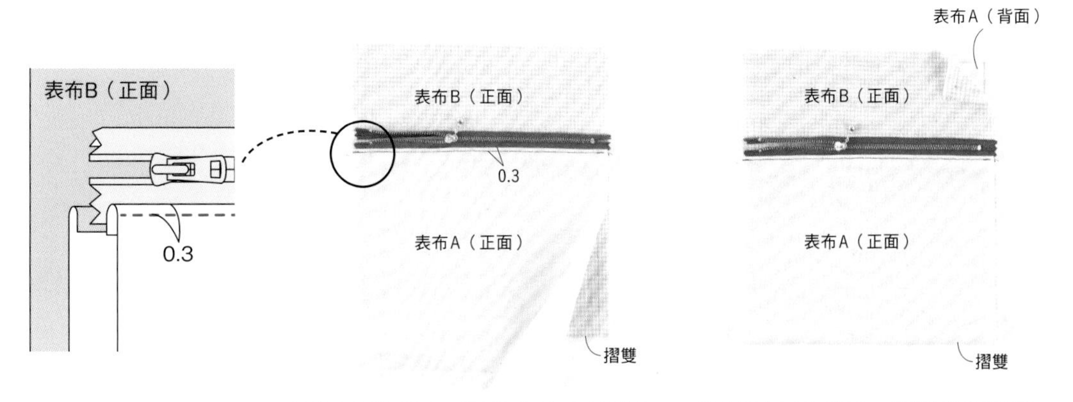

④表布B翻至正面。避開下層的表布B後沿著拉鍊下側的袋口邊壓線。

⑤表布A背面相對摺疊。後續作法參考P.78。

下面要介紹的是在既有的包包袋口加裝拉鍊的簡單方法。

準備材料

- 口布：寬（袋底長+2cm）×高（口布寬+1cm）共2片。

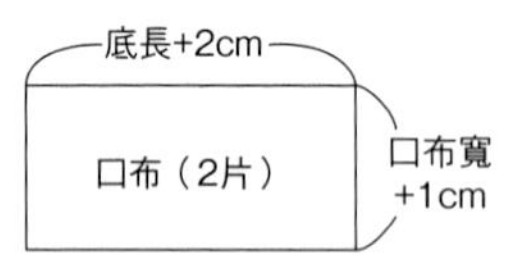

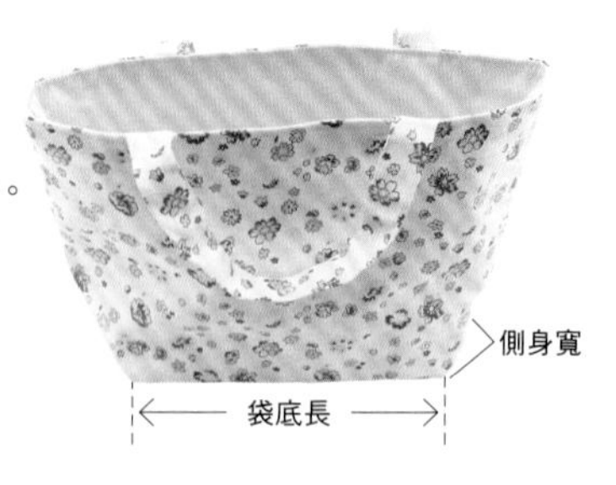

- 拉鍊頭尾固定布：5×5cm
- 拉鍊：袋底長約5cm

Lesson

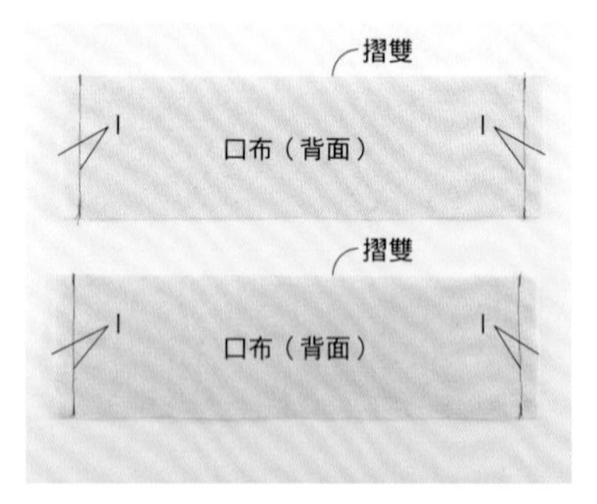

①口布正面相對摺疊，車縫兩脇邊。

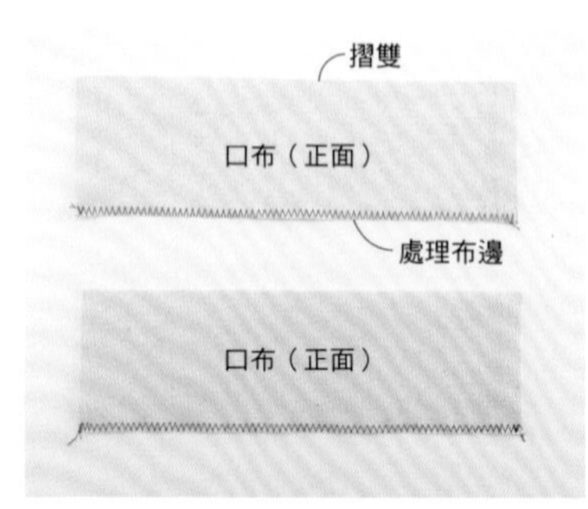

②口布翻至正面，整燙後兩片一起處理縫份。

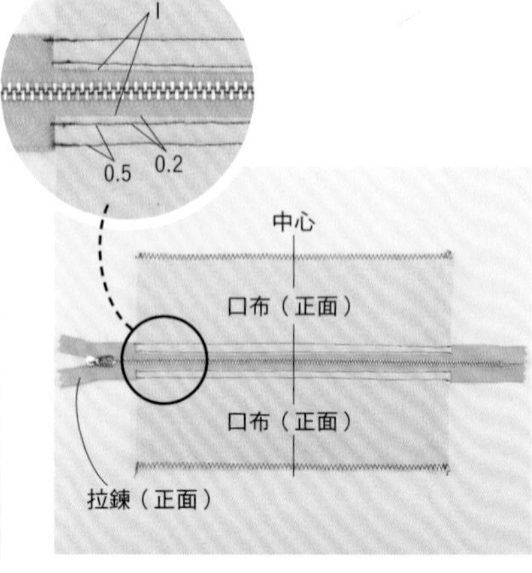

③對齊拉鍊及口布的中心後重疊，兩側各自車上2條壓線。

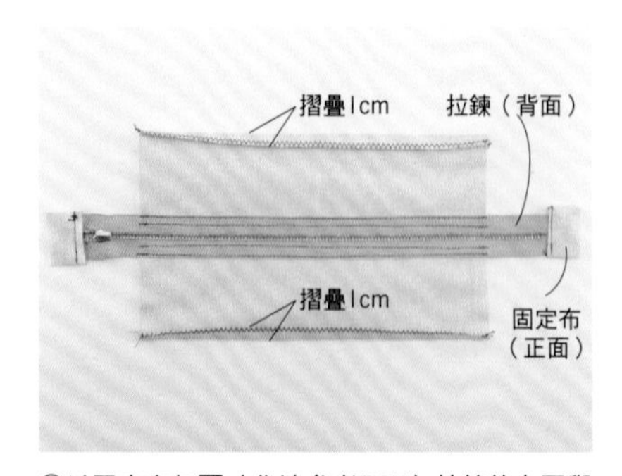

④以固定布包覆（作法參考P.75）拉鍊的上耳與下耳。口布端摺1cm。

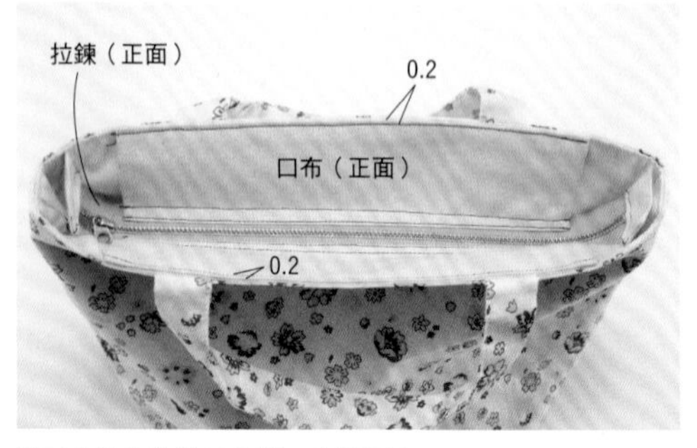

⑤口布疊放於袋口內側，車縫固定。

完成！

拉鍊
小常識

當拉鍊拉不動時

拉鍊在反覆拉拉關關的過程中，有時會變得澀澀的，拉不動。這是鍊齒表面的潤滑劑流失所致。此時噴上拉鍊專用的潤滑劑，拉頭就會滑順好移動。

開口拉鍊的注意事項

開口拉鍊是左右一對製造的，所以無法更換其中一邊。即使長度相同，替換組合後鍊齒也會因細微差異而無法密合，翹起不平。

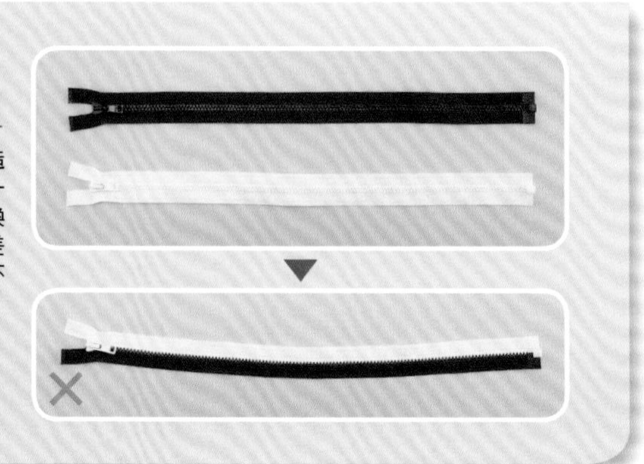

Step 3

衣・褲・裙・洋裝拉鍊

Lesson

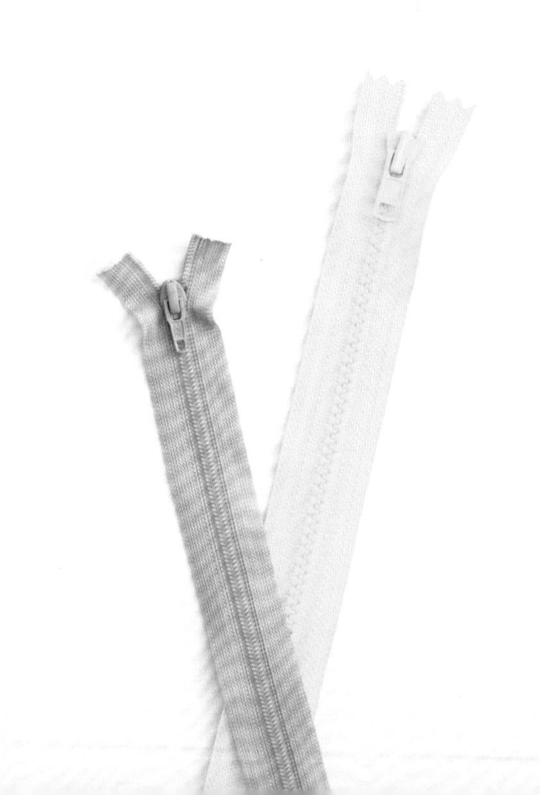

裙子的
脇邊拉鍊
縫法

1.
褶襉裙

將拉鍊縫在脇邊，使腰帶能貼合腰部。而且因為有褶襉，腰部附近會變顯得俐落流暢。不論居家或外出都適合的裙款。

Design&make　May Me 伊藤みちよ

作法Lesson P.45
材料與裁布圖 P.70

布料提供　大塚屋

後裙片是比稍微稍出脇邊縫線的摺疊完成線，然後縫上拉鍊。後裙片側則像是把拉鍊蓋住般縫上。

建議使用的拉鍊

EFLON®拉鍊　FLATKNIT®拉鍊

＊材料＆裁布圖參照P.70。
＊為方便理解，示範時更換了布料並使用顏色鮮明的縫線。

1. 摺疊褶襉

①在前·後裙片的兩脇邊縫份各自進行Z字形車縫。

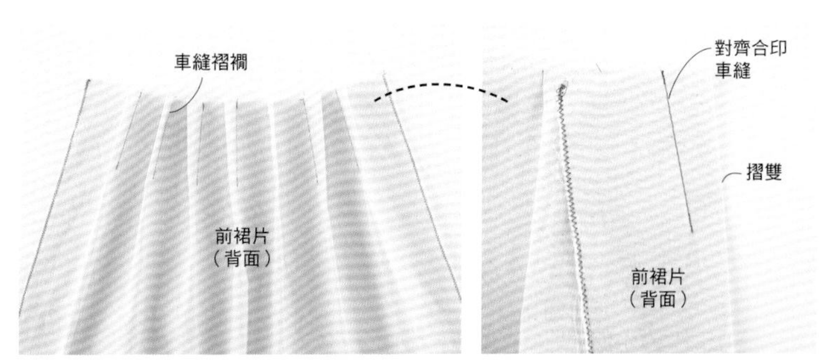

②褶襉線正面相對重疊車縫。

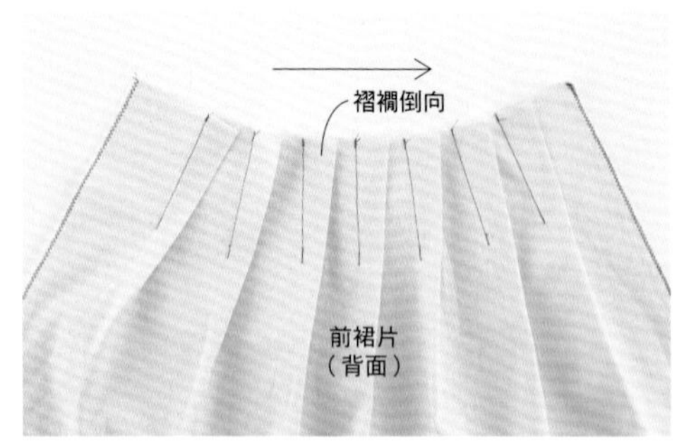

③以熨斗將褶襉燙壓到右側。

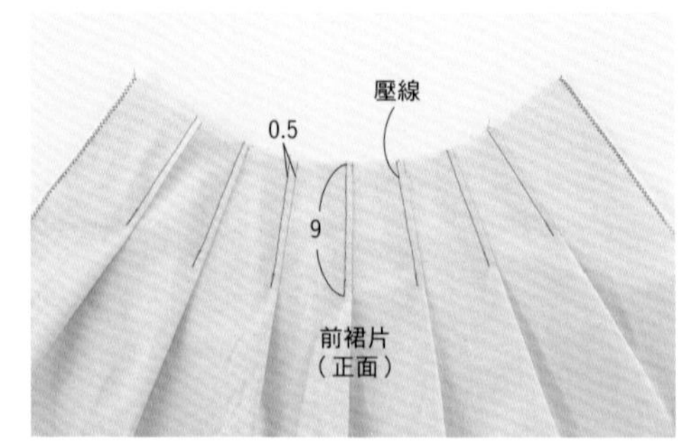

④自表側壓縫固定褶襉。後裙片也以相同方式摺疊褶襉。

2. 拉鍊縫至左脇邊

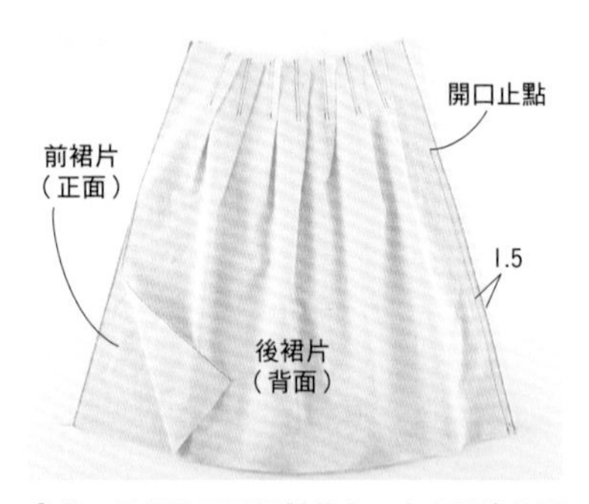

①前・後裙片正面相對疊合，自左脇邊的開口車縫至裙襬。

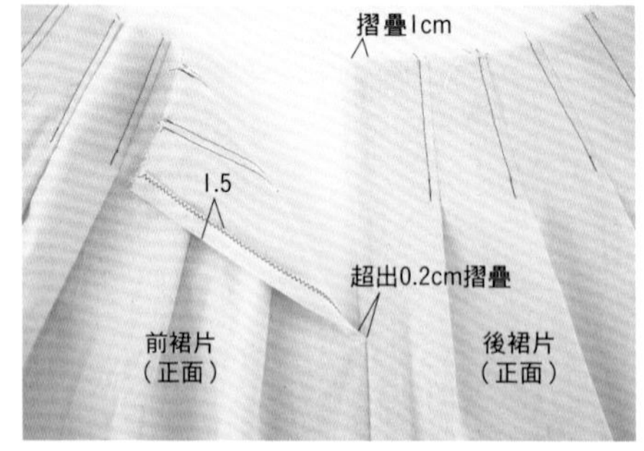

②後裙片側開口止點以上的縫份是摺成超出縫線0.2cm。前裙片側是縫份摺疊1.5cm。

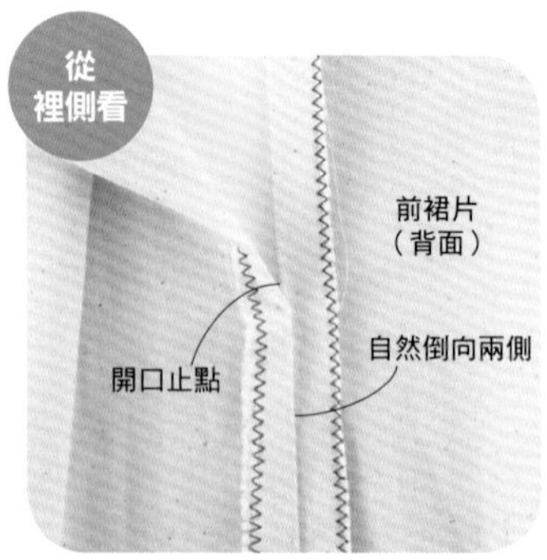

開口止點以下的縫份自然倒向兩側。

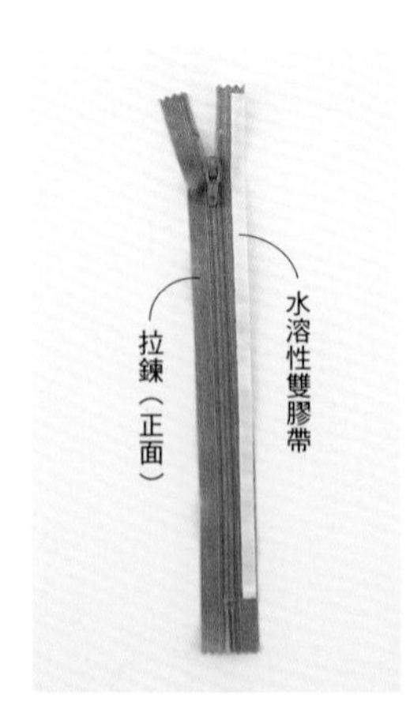

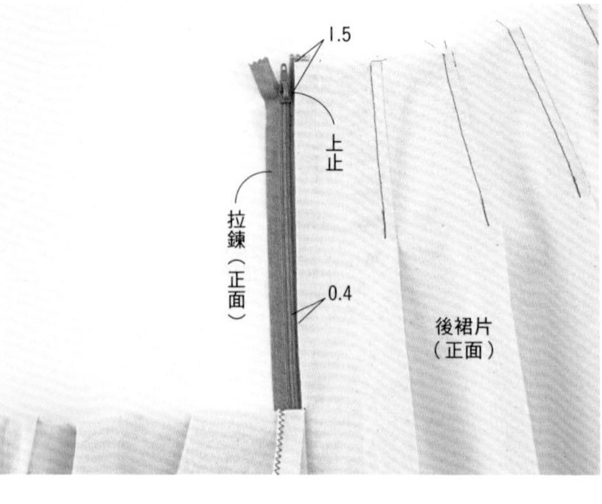

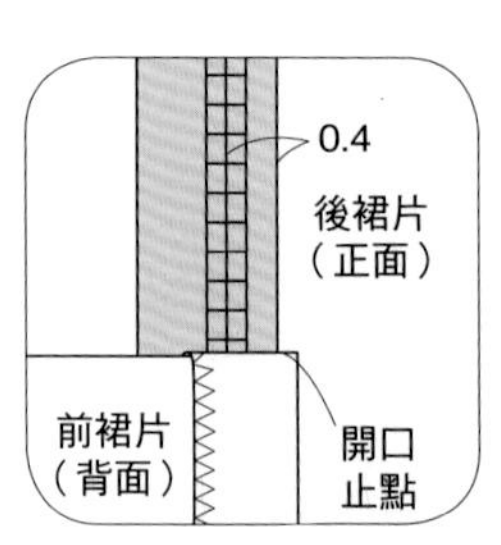

③在拉鍊的布帶貼上水溶性雙面膠帶，再貼至後裙片的縫份上。以FLATKNIT®拉鍊的織目為基準就能筆直黏貼。

④車縫後裙片的摺山邊緣直到開口止點。

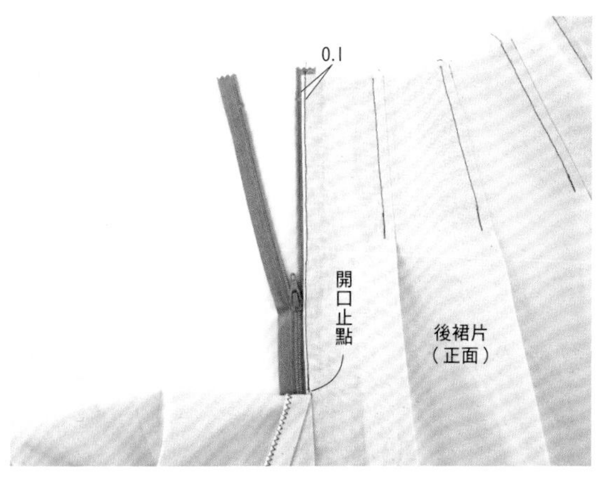

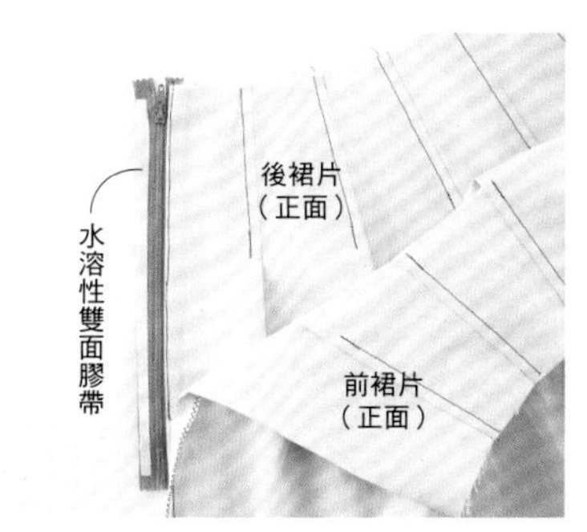

⑤拉鍊布帶的另一側也貼上水溶性雙面膠帶。

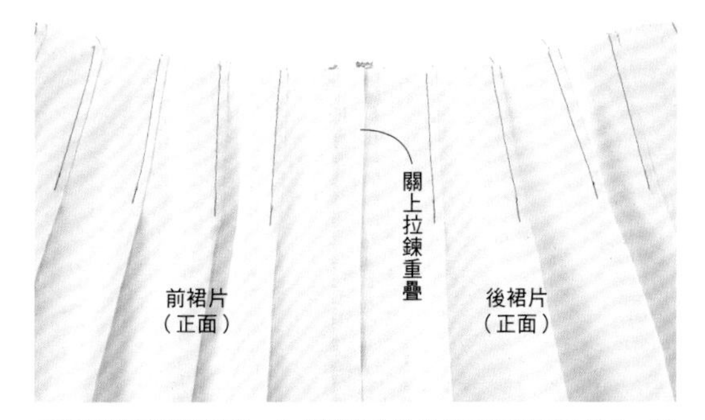

⑥剝下膠帶的離型紙，在拉鍊閉合的狀態下與前裙片重疊，將拉鍊貼到前裙片的縫份上。

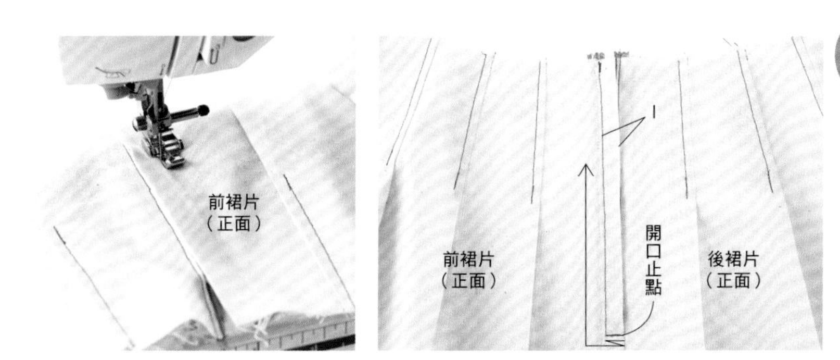

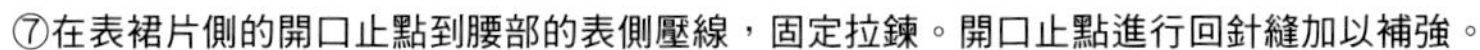

⑦在表裙片側的開口止點到腰部的表側壓線，固定拉鍊。開口止點進行回針縫加以補強。

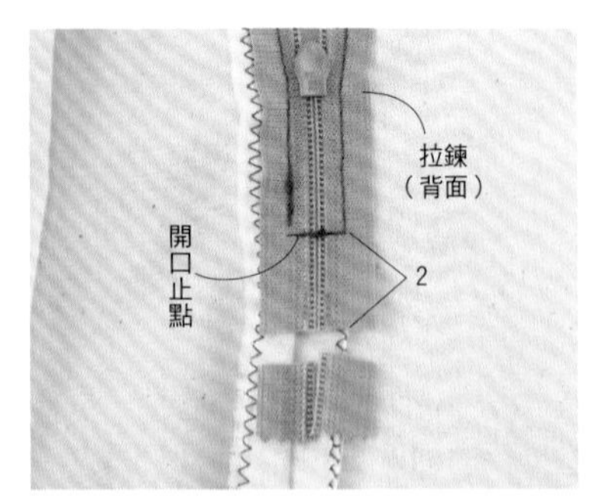

⑧拉鍊自開口止點向下預留2cm，其餘剪掉。

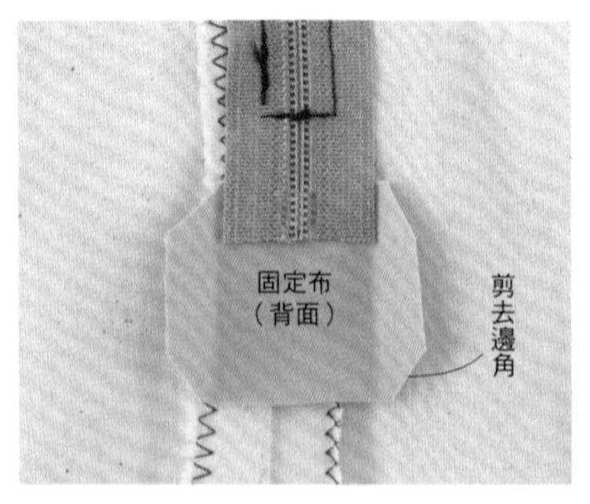

⑨剪去固定布的邊角，對齊拉鍊的左右兩端。

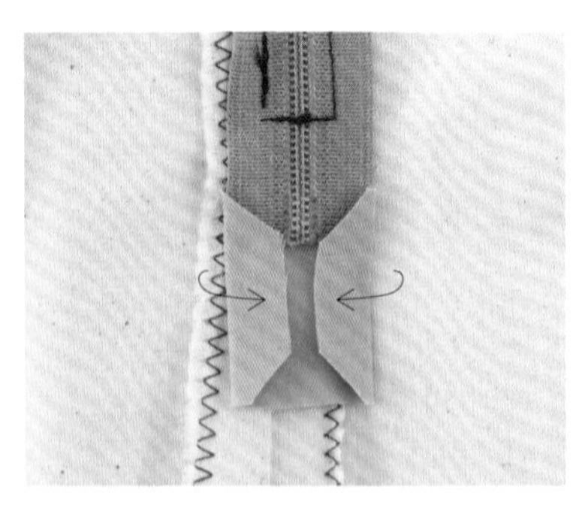

⑩摺疊固定布的兩端。

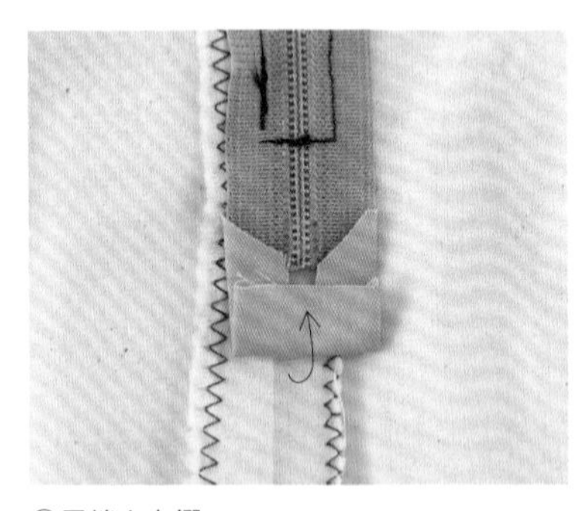

⑪尾端向上摺。

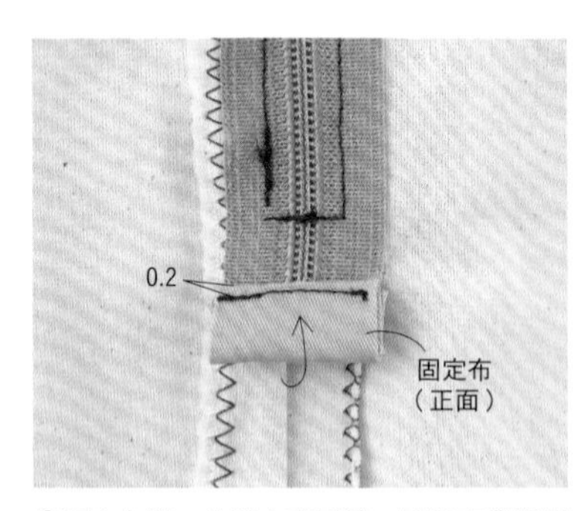

⑫再向上摺，於摺山旁壓線。只縫布帶與端布。

3. 車縫右脇邊

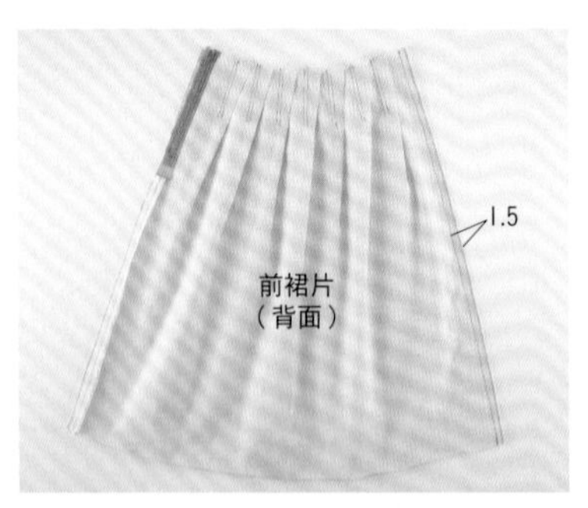

前・後裙片正面相對疊合，車縫右脇邊並熨開縫份。

4. 縫上腰帶

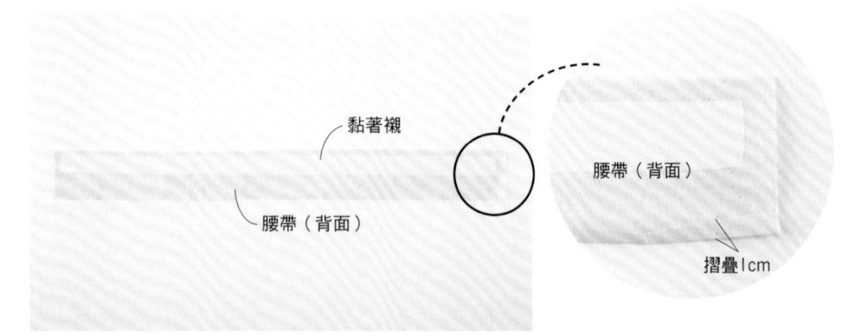

①在腰帶的背面貼上黏著襯，摺疊成為表側（未貼襯的那一側）的縫份。

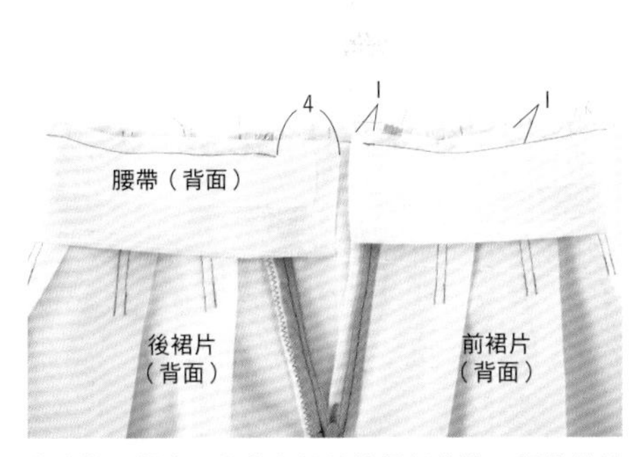

②貼襯側朝上，疊放在裙片的裡側車縫。腰帶的端部距前裙片側的完成線1cm，距後裙片側的完成線4cm後車縫。縫份倒向腰帶側。

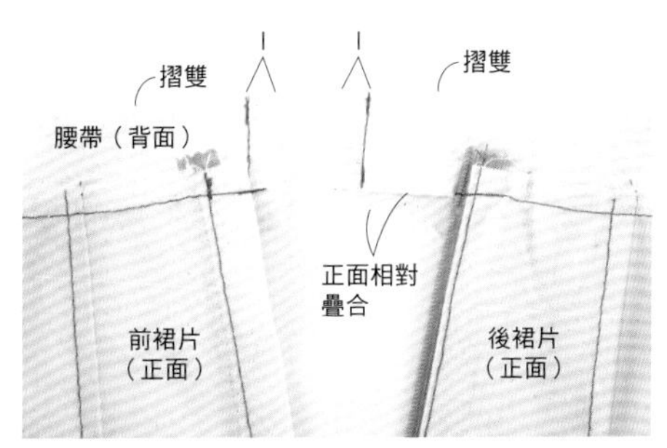

③將①的摺線展開，腰帶向上翻，於中心點正面相對摺疊，車縫端部。

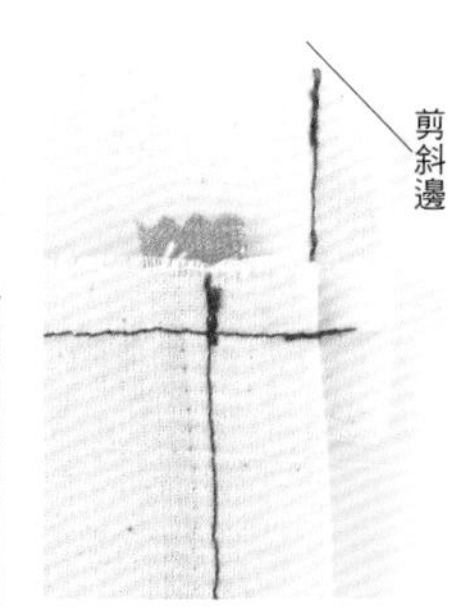

腰帶邊角的縫份剪斜邊（另一側作法相同）。

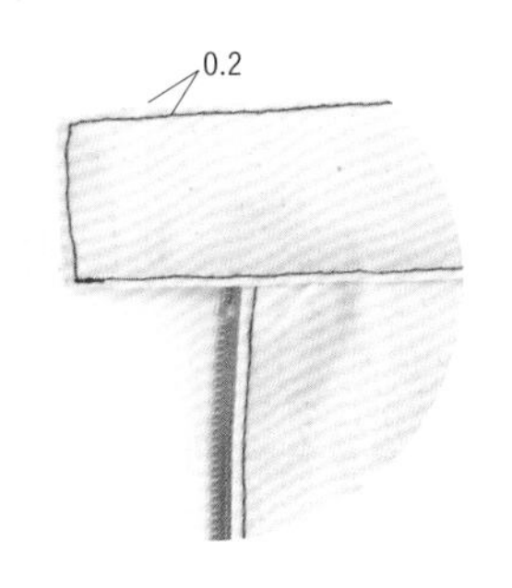

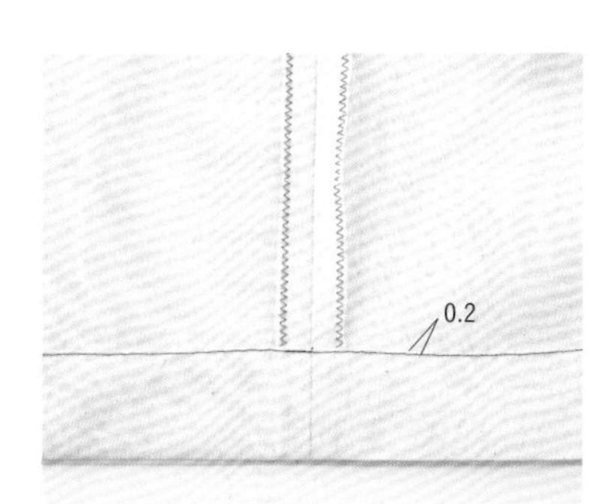

④腰帶翻至正面，縫份放入腰帶的內側，整燙後壓縫一圈。

5. 開釦眼並縫上釦子

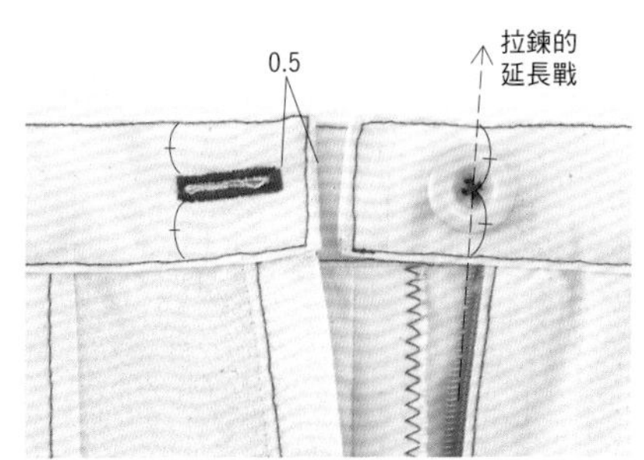

開釦眼並縫上釦子。

6. 整理下襬

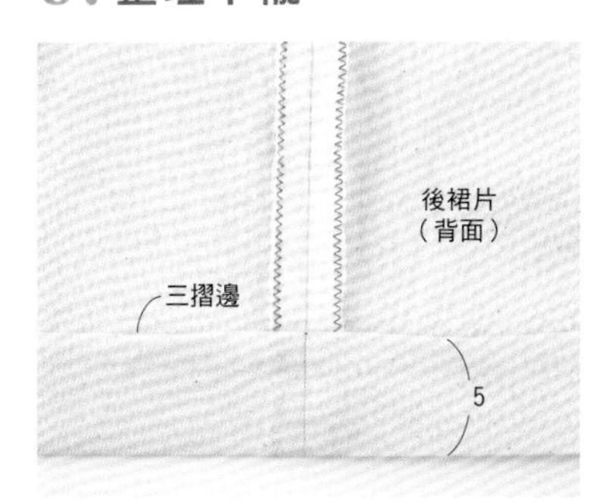

①下襬依1cm→5cm的寬度三摺邊。

②摺雙處車縫。

完成！

褲子前開口的拉鍊縫法

m.
打褶褲

前開口的拉鍊是將布帶分別接縫於貼邊與持出。腰間打褶，方便活動的設計。

Design&make May Me 伊藤みちよ

拉鍊縫法Lesson P.51
作法 P.82

拉開拉鍊時，位於下方的是持出、上方是貼邊。重點在於，褲子的前開口拉鍊最後縫至持出與貼邊時要進行第二次壓線，才不會在穿脫褲子時對拉鍊造成負擔。

建議使用的拉鍊

FLATKNIT®拉鍊　EFLON®拉鍊　金屬拉鍊

Lesson

＊材料＆裁布圖參照P.82。
＊為方便理解，示範時更換了布料並使用顏色鮮明的縫線。

拉鍊縫法

1. 縫上貼邊

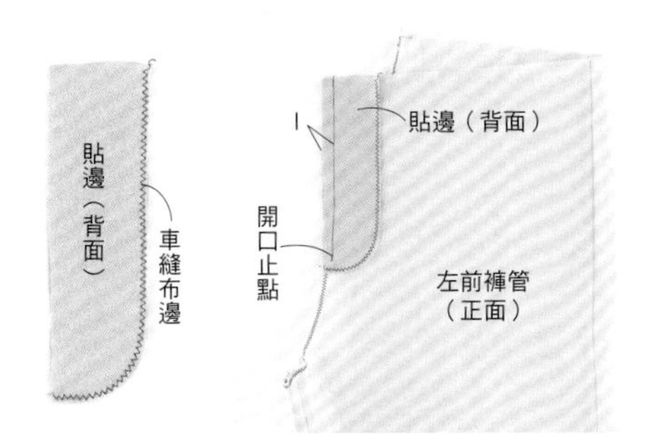

①貼邊貼上黏著襯，布邊進行Z字形車縫。左前褲管與貼邊正面相對疊合，自前中心的上方縫至開口止點。

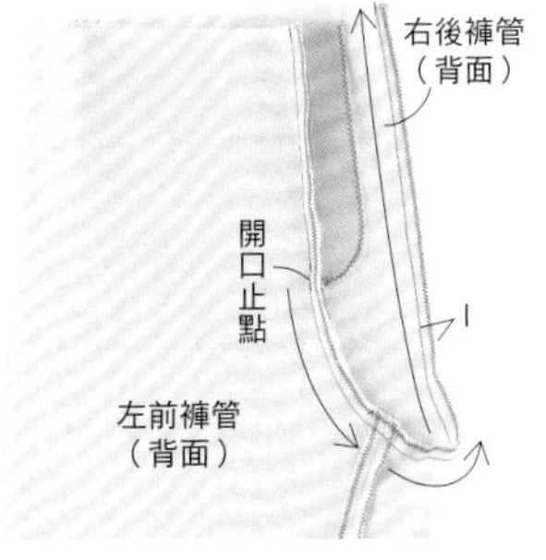

②左・右褲管正面相對疊合，自開口止點縫至後褲襠。由於是常施力的地方，所以重複車縫加以補強再熨開縫份。左前褲管與貼邊的縫份倒向貼邊側，壓縫至開口止點。

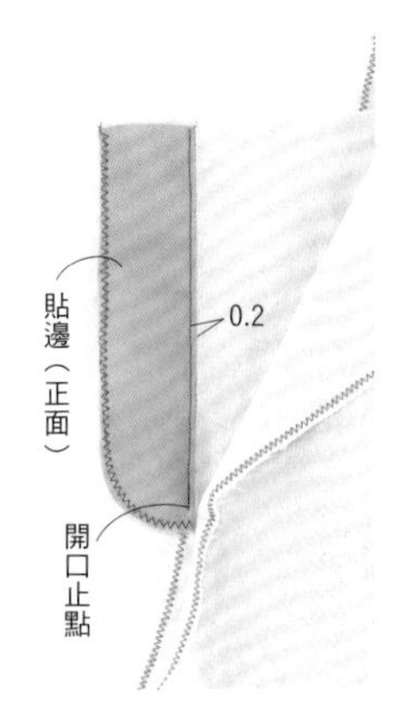

2. 製作持出

①持出貼上黏著襯，正面相對疊合後車縫下端。

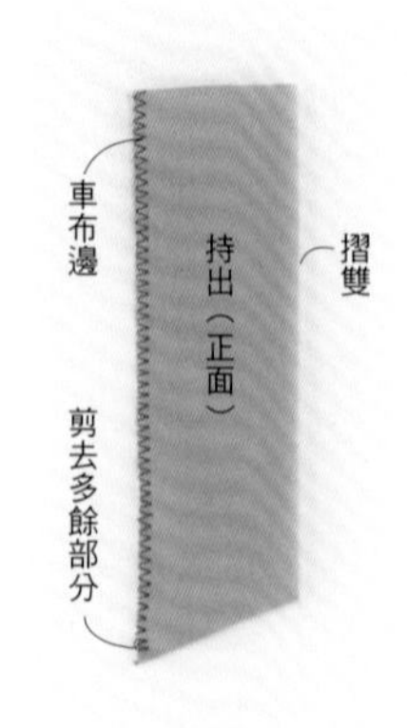

②持出翻至正面，剪去突出的多餘縫份，再兩片縫份一起車縫布邊。

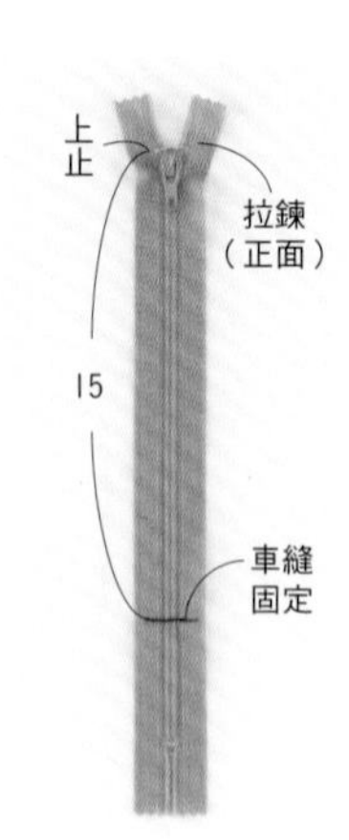

③準備FLATKNIT®拉鍊，自上止向下15cm車縫固定，若使用金屬拉鍊，則調整成15cm長。

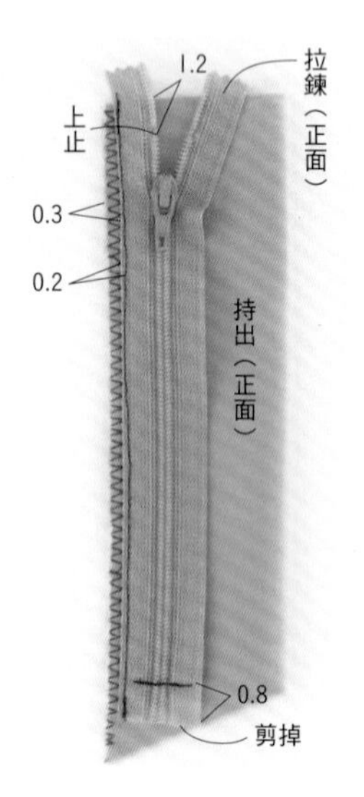

④拉鍊疊放在距持出邊向內0.3cm的位置，沿布帶邊車縫，再剪去多餘的拉鍊。

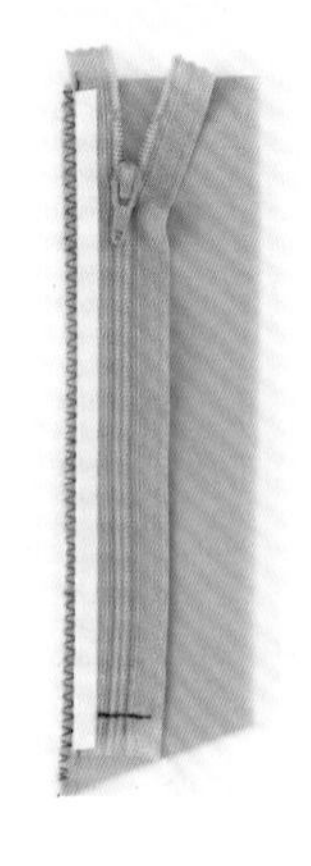

⑤水溶性雙面膠帶與布帶重疊黏貼。

3. 縫上持出

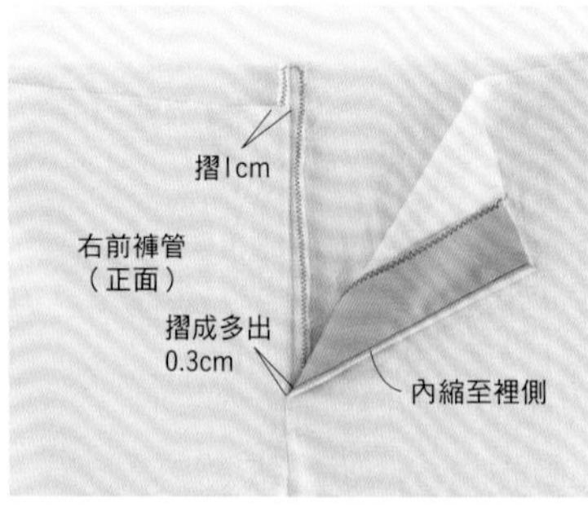

①褲子翻至正面，貼邊稍向內縮摺至裡側。右前褲管的開口止點比前中心突出0.3cm的縫份，自上端自然摺疊，即為完成線。

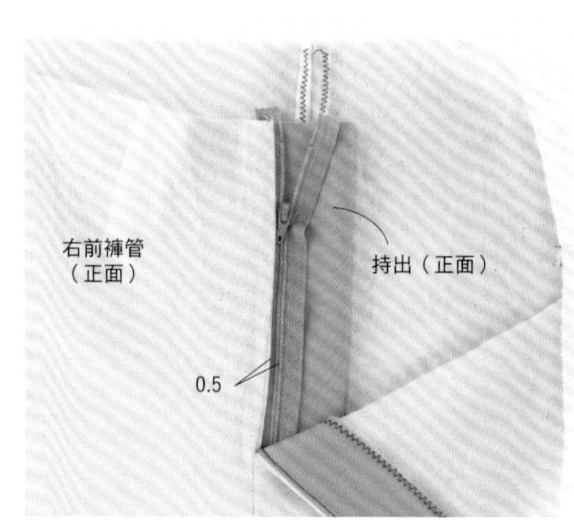

②撕下膠帶的離型紙，疊放於右前褲管暫時黏固定。對齊上端，置於距拉鍊中心0.5cm的位置。

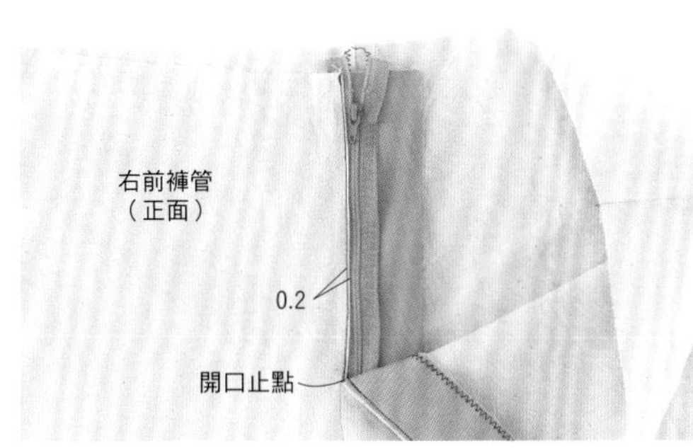

③車縫右前褲管的摺山旁，自上端縫到開口止點。

換成單邊壓布腳。

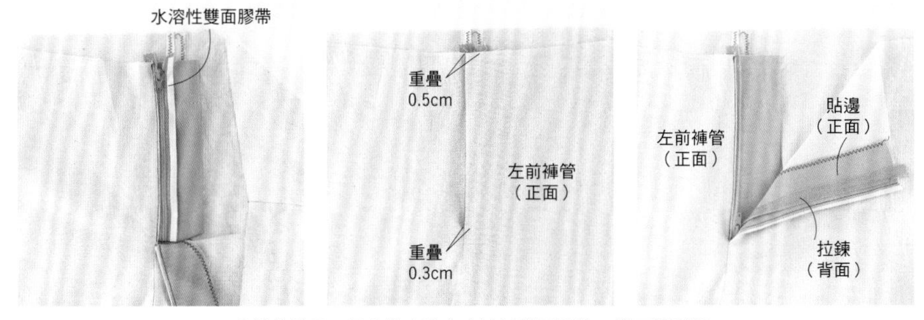

④拉鍊的另一側布帶也貼上水溶性雙面膠帶。撕下離型紙紙，拉上拉鍊疊放於左前褲管，讓拉鍊布帶黏固定於貼邊。

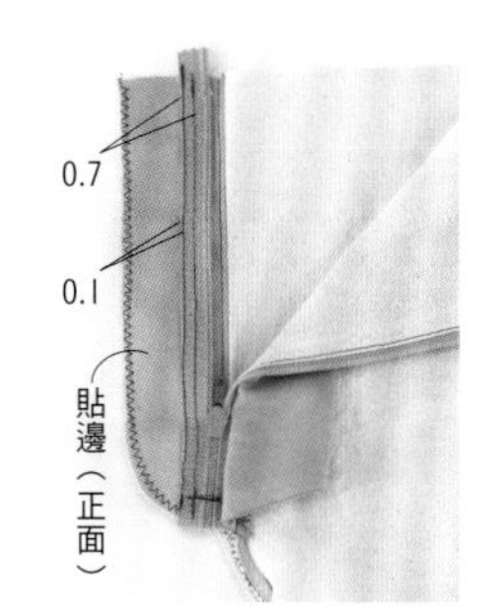

⑤壓線兩次，將拉鍊布帶縫在貼邊上。

4. 壓線

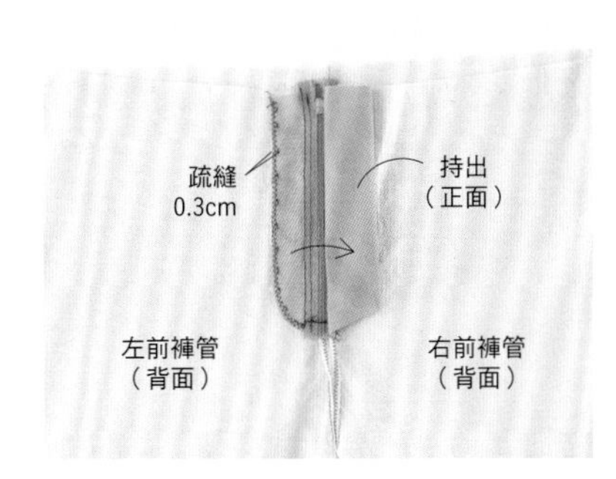

①拉上拉鍊，整燙後避開持出，疏縫貼邊的端部。

②避開持出，自正面壓線。拆下疏縫線。

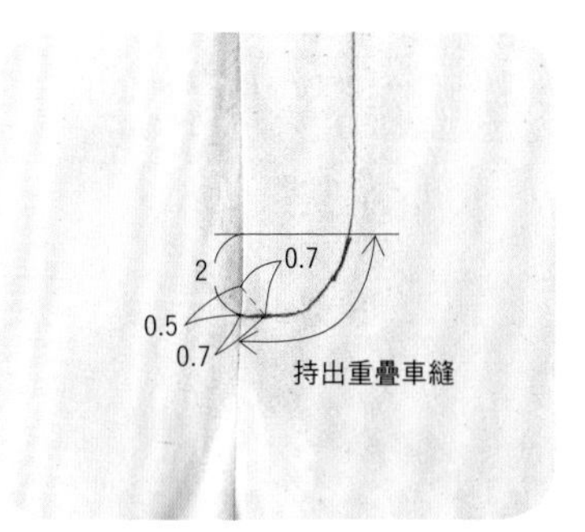

③放回持出，與壓線重疊車縫。前中心也壓線。壓縫的目的在減輕拉鍊拉開時承受的力量。後續作法參考P.82。

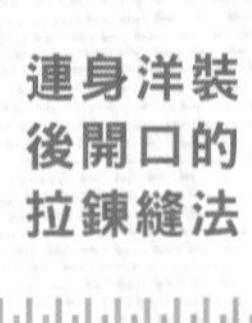

連身洋裝
後開口的
拉鍊縫法

拉縫縫在
後開口

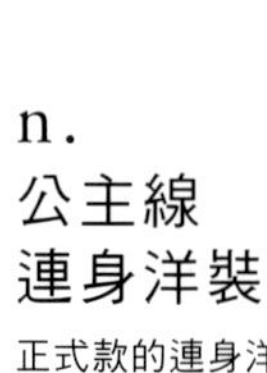

n.
公主線
連身洋裝

正式款的連身洋裝，為了避免縫線露出表面而使用隱形拉鍊。由於沒有加裡布，若布料偏薄，請內著襯裙。

Design&make
NEEDLEWORK LAB 安田由美子

拉鍊縫法Lesson P.56
作法 P.84

布料提供　オカダヤ新宿本店

設計簡約，所以在領口不規則的點綴華麗串珠。

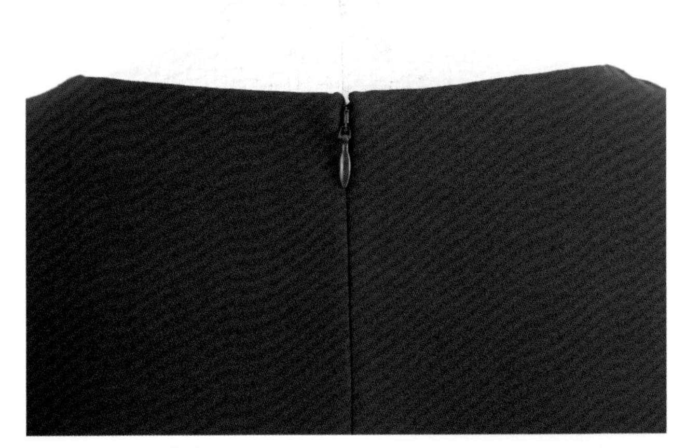

後開口縫上隱形拉鍊，
正面就看不到縫線了！

袖口開衩，
方便活動。

建議使用的拉鍊

CONCEAL®拉鍊

1. 車縫後中心

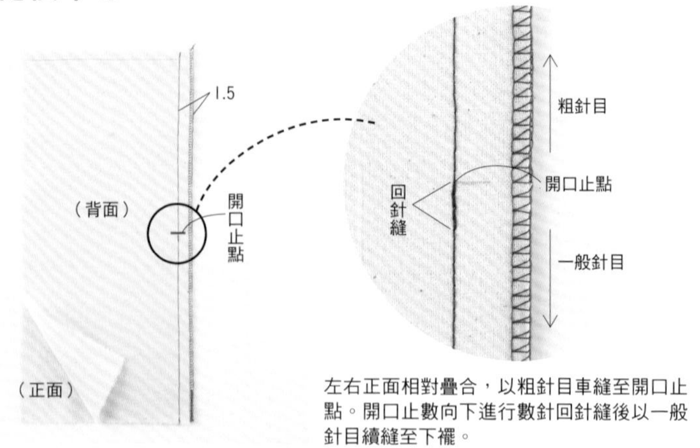

左右正面相對疊合，以粗針目車縫至開口止點。開口止數向下進行數針回針縫後以一般針目續縫至下襬。

2. 拉鍊暫時黏固定

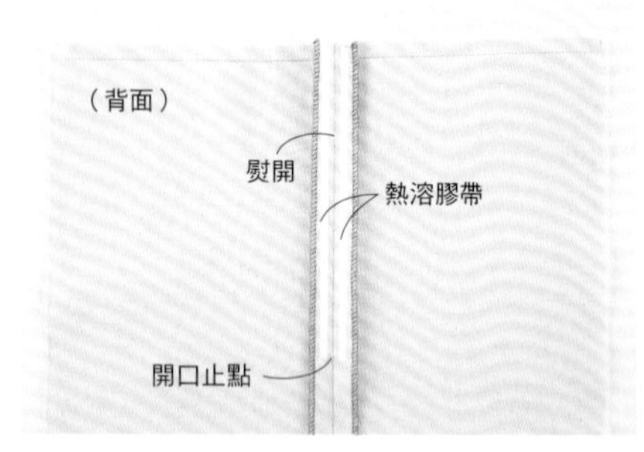

①熨開縫份，將熱溶膠帶貼到開口止點。

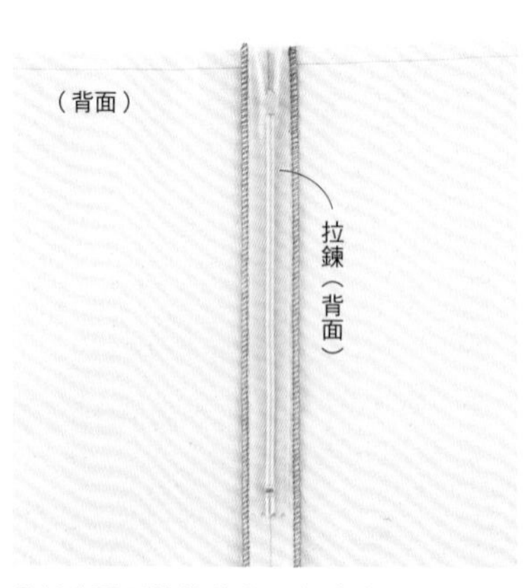

②對齊隱形拉鍊的中心與針趾，以熨斗燙貼，暫時固定拉鍊。

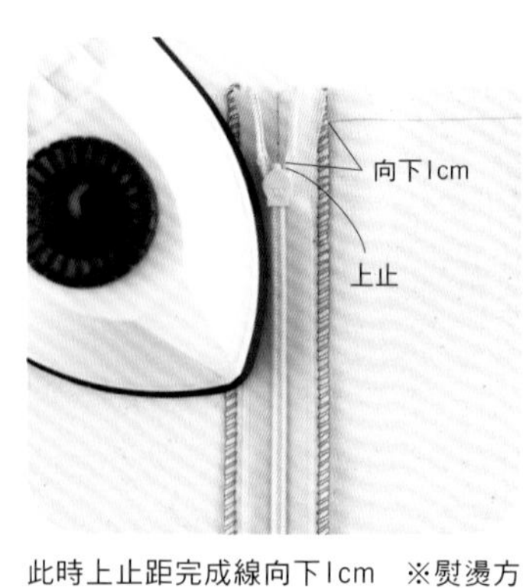

此時上止距完成線向下1cm　※熨燙方法參考P.16。

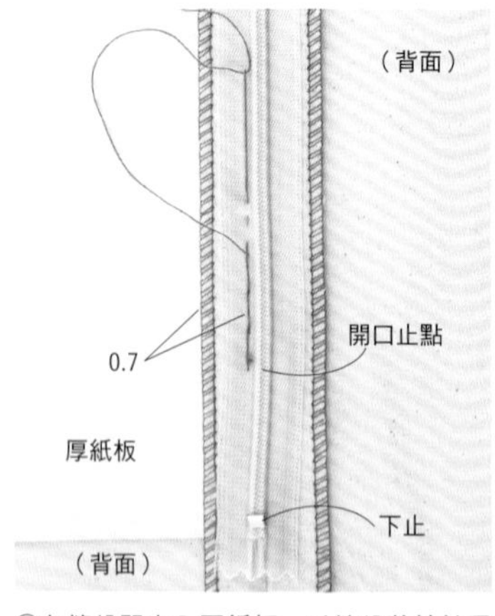

③在縫份間夾入厚紙板，以縫份將拉鍊固定在縫份上。疏縫使用針目稍粗的半回針縫。下止先移至開口止點向下的位置。

不用熱溶膠帶時

在縫份間夾入厚紙板，以珠針固定後疏縫，將拉鍊固定於縫份上。

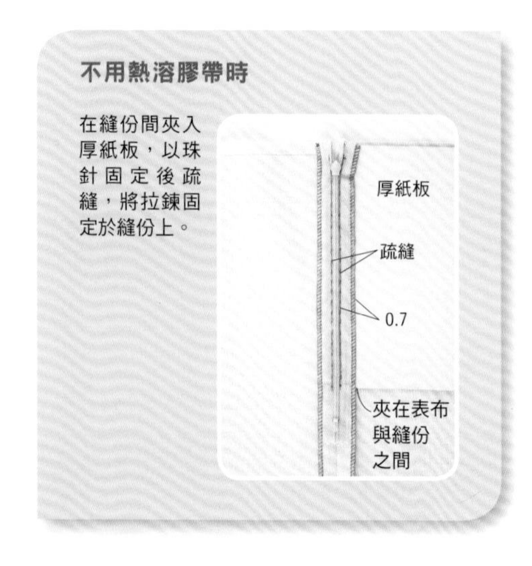

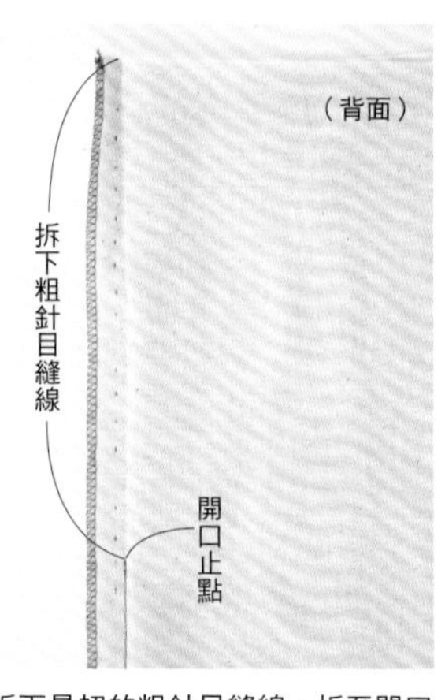

④拆下最初的粗針目縫線，拆至開口止點。

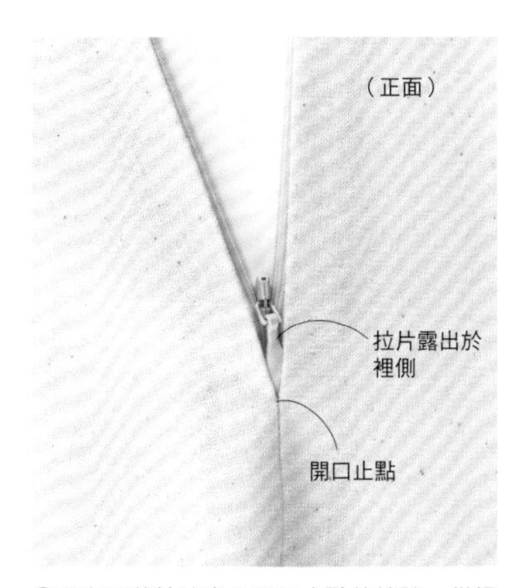

⑤自表側將拉片塞入開口止點的縫隙，從裡側露出。

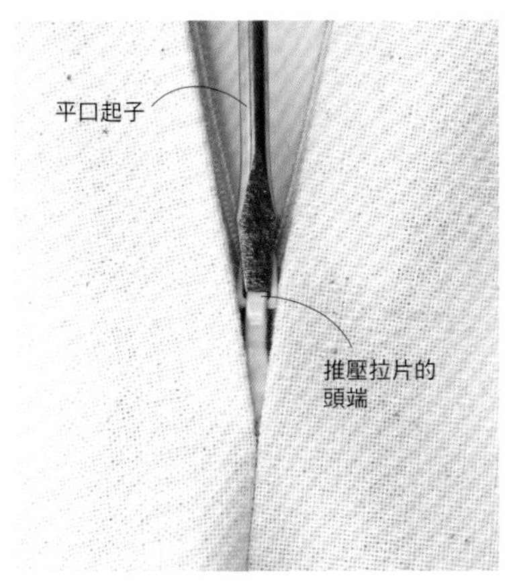

⑥以細的平口起子推壓拉片的頭端，就能順利推至裡側。注意不要傷到拉片。

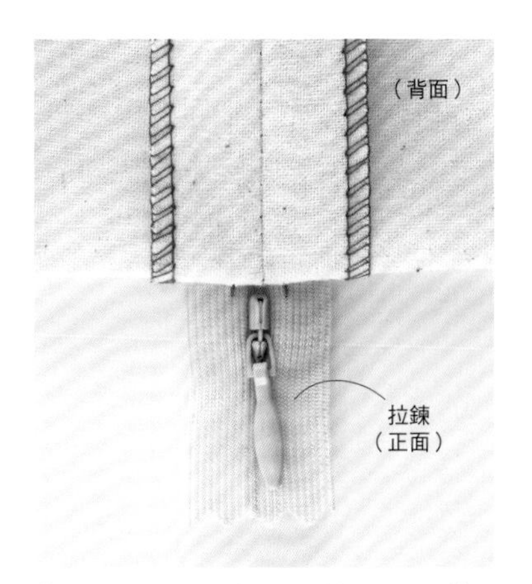

⑦在裡側露出。注意下止及拉片不要從拉鍊脫落。

3. 車縫拉鍊

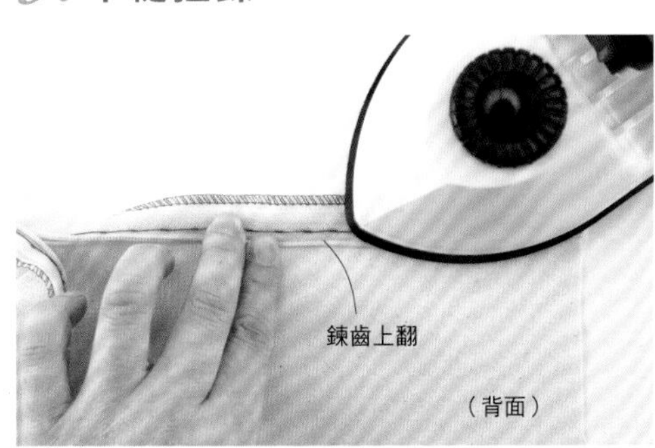

①以低溫熨斗整燙，將鍊齒向上翻。※熨燙方法參考P.16。

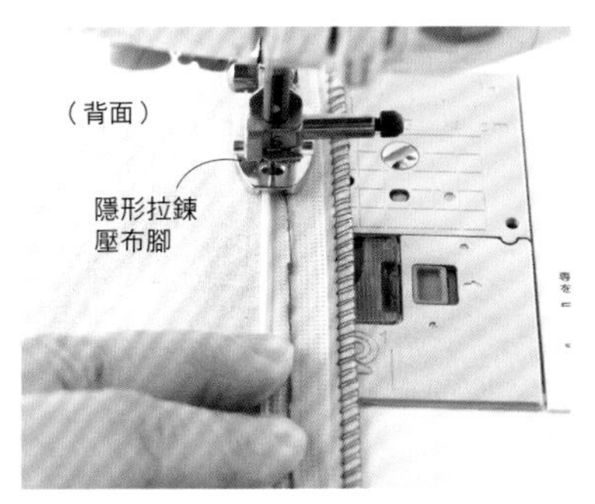

②更換成隱形拉鍊壓布腳，以壓布腳的溝漕夾住鍊齒。一邊稍微豎起鍊齒一邊車縫邊緣。

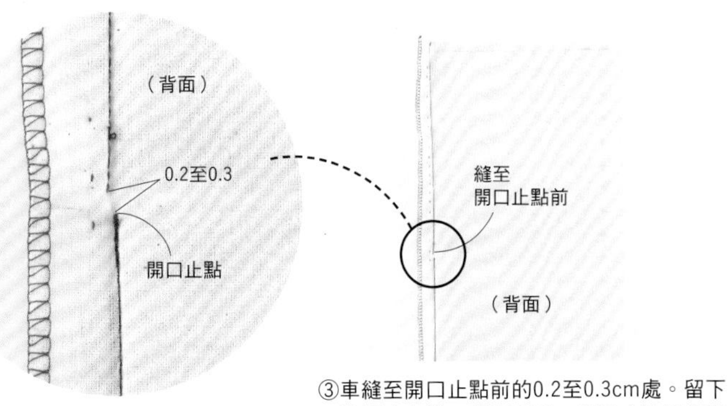

③車縫至開口止點前的0.2至0.3cm處。留下這個小空隙，從表面看，開口止點就會整齊不歪斜。

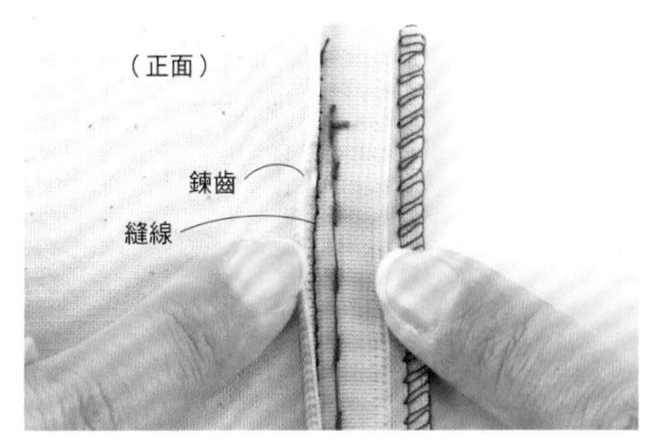

④如圖車縫鍊齒的邊緣。

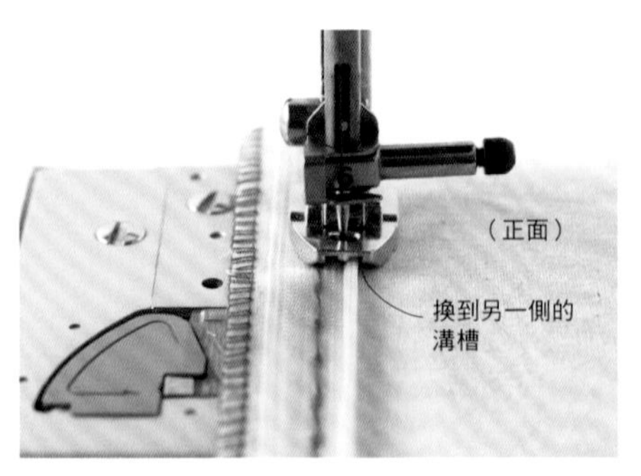

⑤另一側也車縫至開口止點前的0.2至0.3cm處。

4. 固定下止

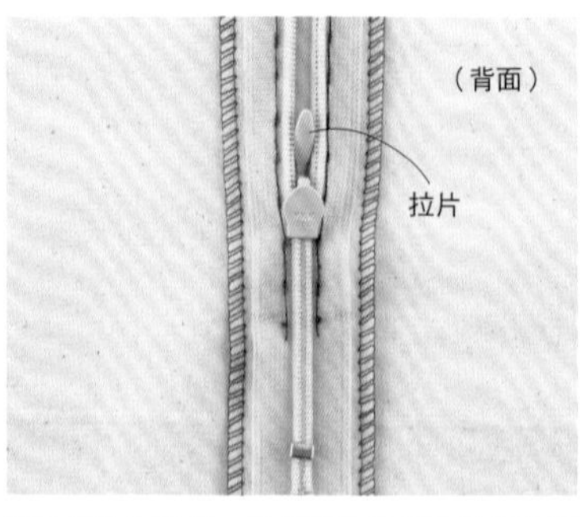

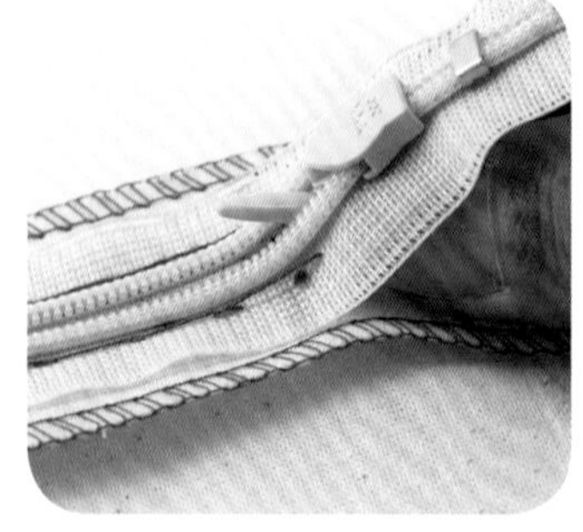

①拉片拉回表側。從裡側拉住拉片露出表側。

②拉住露出表側的拉片，將拉頭移到底。

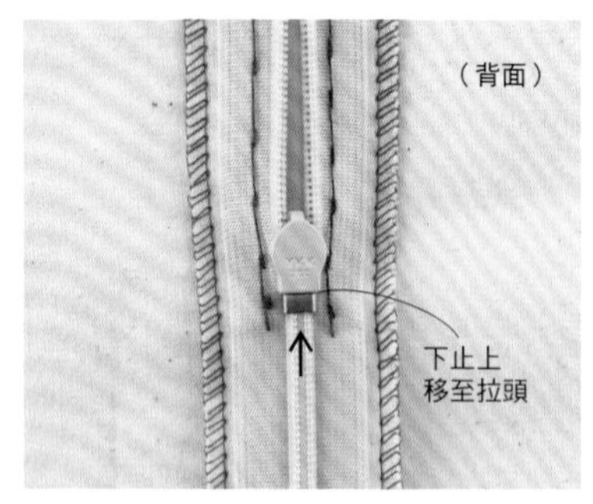

③翻至背面，下止上移至拉頭。

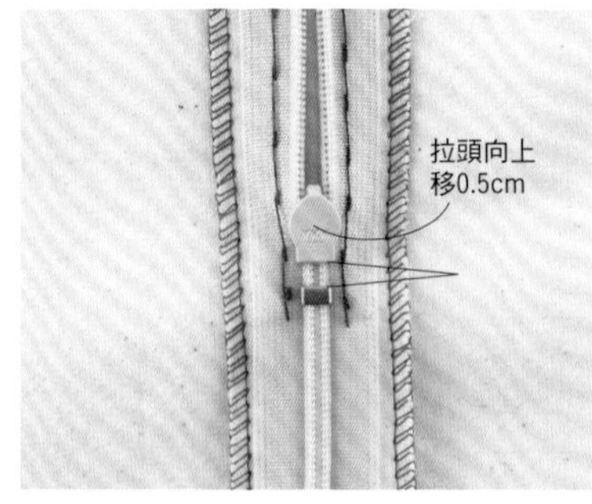

④拉頭再向上移到距下止0.5cm。

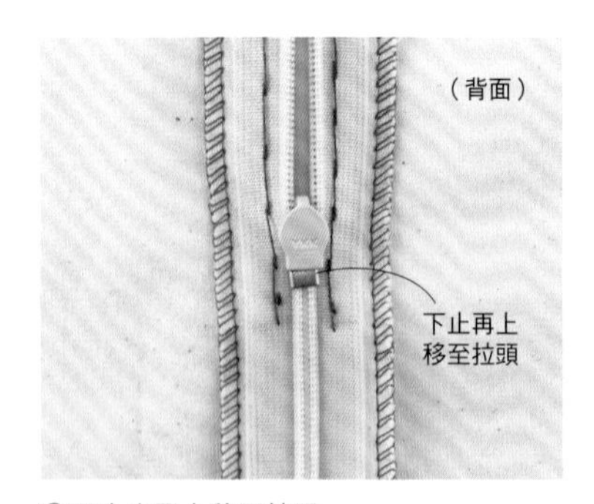

⑤下止也再上移至拉頭。

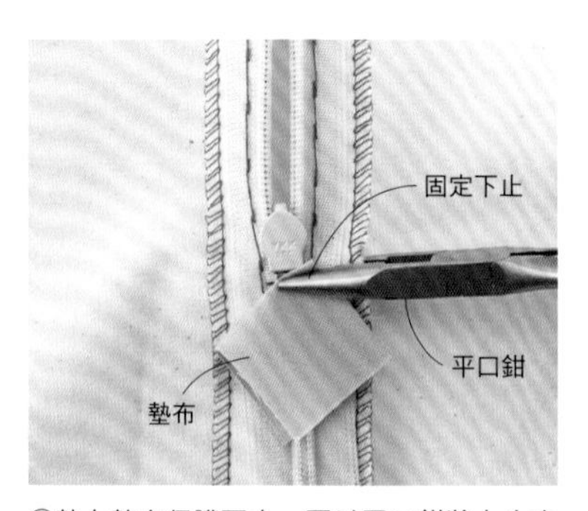

⑥墊上墊布保護下止，再以平口鉗將上止夾固定。

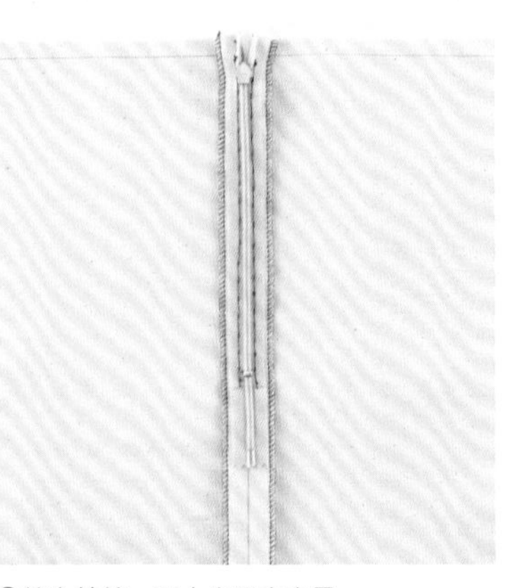

⑦縫上拉鍊，下止也固定完畢。

5. 整理拉鍊的尾端與布帶端

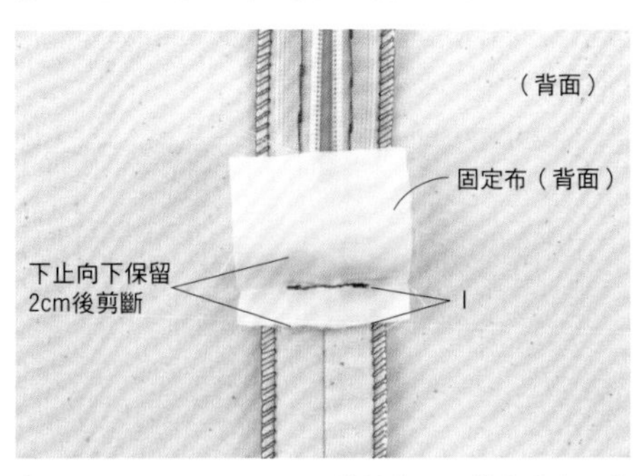

①拉鍊保留到距下止2cm，其餘剪掉。拉鍊疊上固定布車縫。

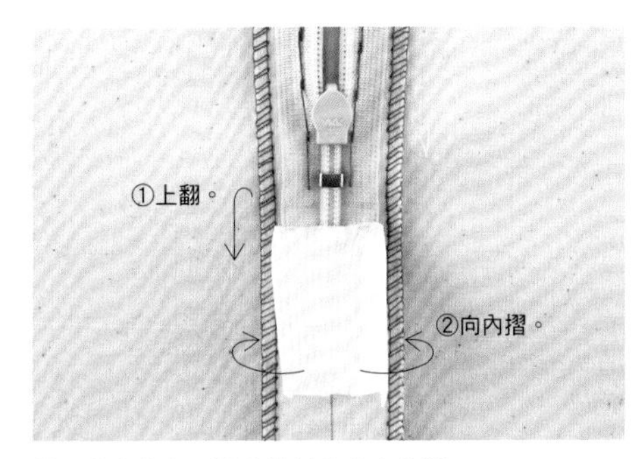

②固定布上翻，配合拉鍊寬度向內摺。

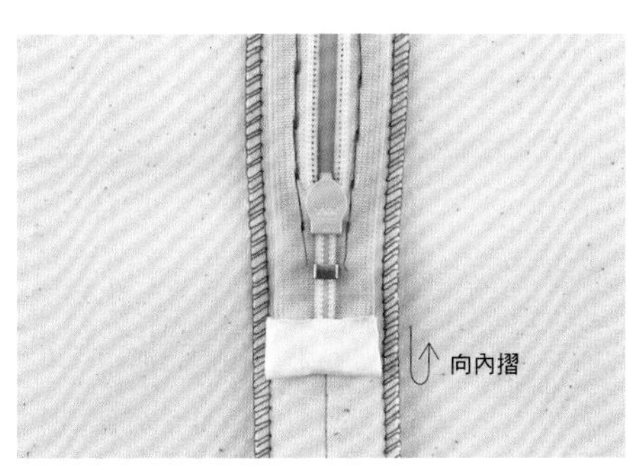

③固定布下側也向內摺。

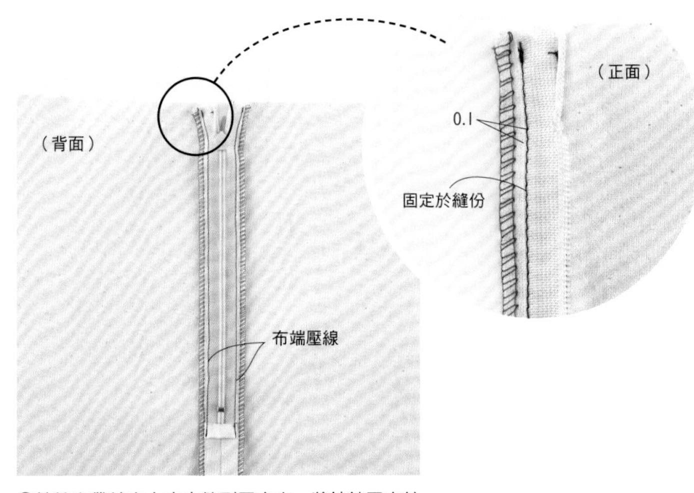

④拉鍊布帶端自上方車縫到固定布，將拉鍊固定於縫份，再拆掉疏縫線。

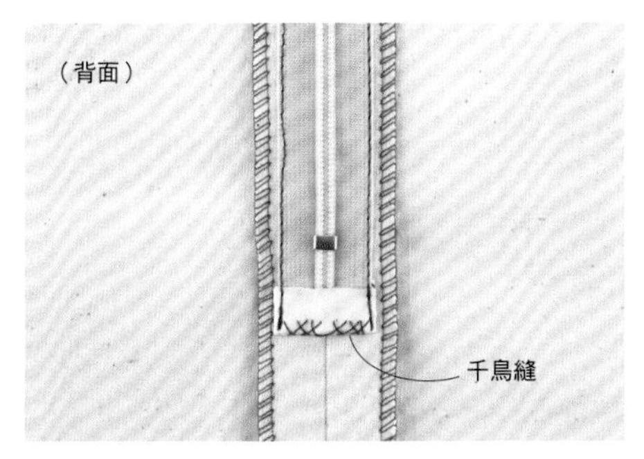

⑤固定布以千鳥縫（參考P.66）固定於縫份。

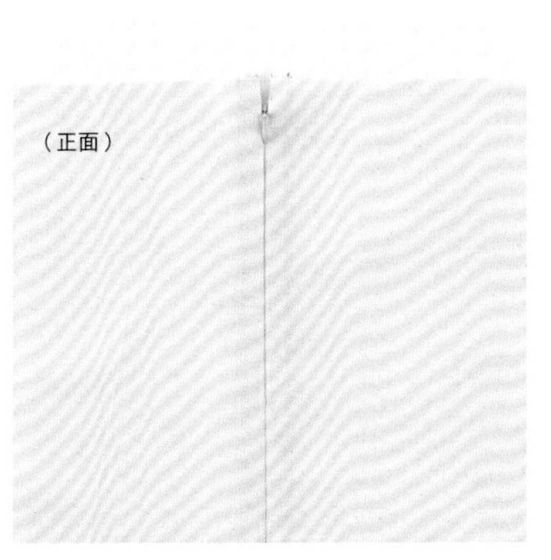

⑥隱形拉鍊縫好了！後續作法參考P.84。

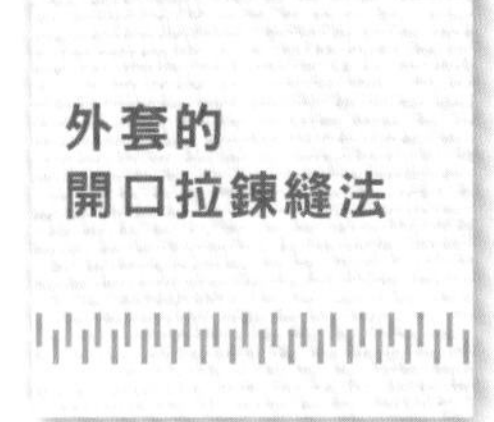

O.
無領外套

在外套縫上左右可完全分離的開口拉鍊。與褲子或裙子都很速配，可穿出高雅大人味。

Design&make May Me 伊藤みちよ

拉鍊縫法Lesson P.62
作法 P.86

生地提供 fabric bird

袖口的開口使用斜紋布滾邊。袖口布縫上五爪釦，更顯帥氣。

開口拉鍊因為左右可以完全分離，所以縫法最簡單。但注意左右要對齊，不要錯開了！

建議使用的拉鍊

金屬拉鍊　VISLON®開口拉鍊

Lesson 拉鍊縫法

＊材料＆裁布圖參照P.86。
＊為方便理解，示範時更換了布料並使用顏色鮮明的縫線。

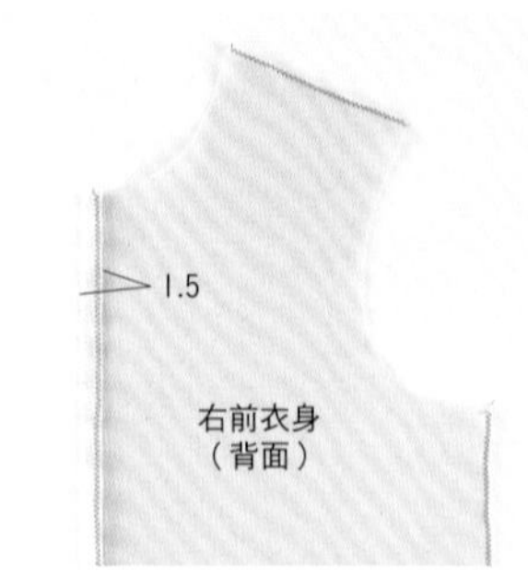

①沿著完成線摺疊前衣身的前中心縫份。

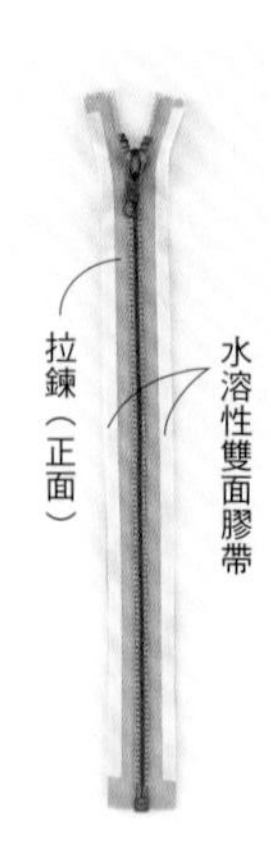

②在拉鍊的布帶貼上水溶性雙面膠帶。

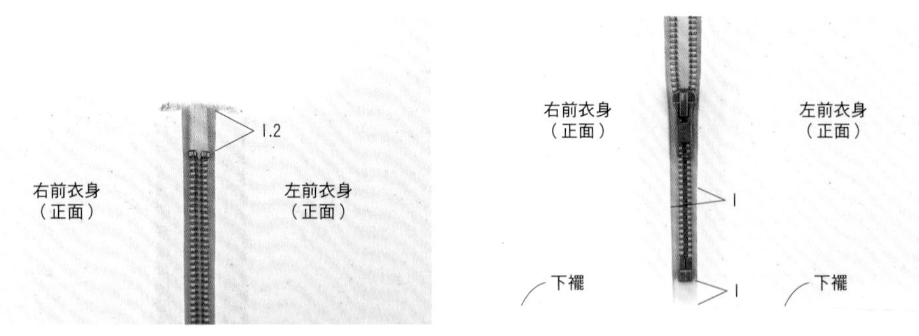

③撕下膠帶的離型紙。與前衣身重疊，將拉鍊暫時黏固定於縫份。拉鍊的左右側須等高。

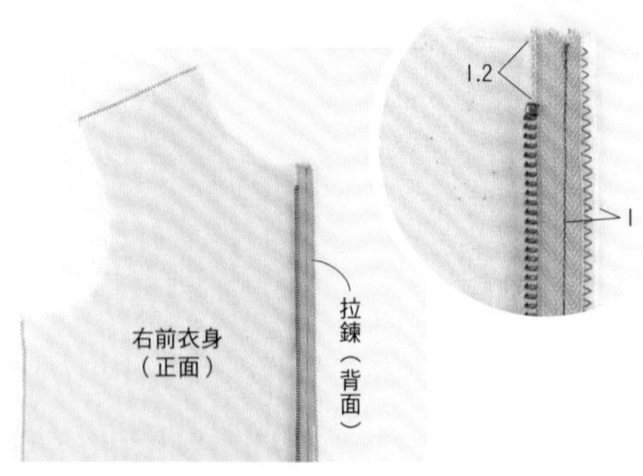

④拉開拉鍊，前衣身分成左右。展開縫份，將拉鍊縫固定於各自的前端。

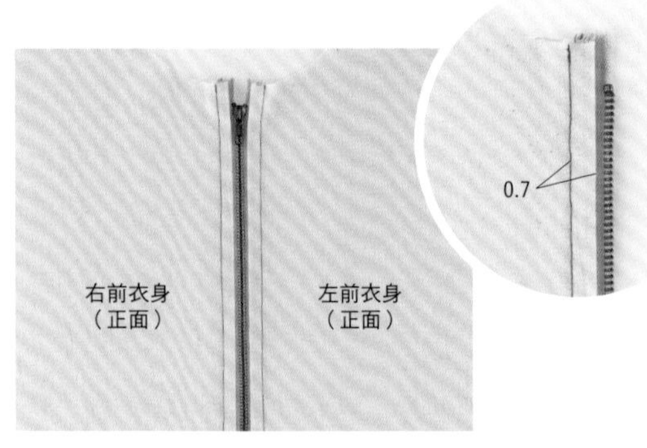

⑤沿完成線重新摺疊前中心的縫份，自表側壓線。其他作法參考P.86。

How to make

裁縫的基本知識

在動手之前，先來了解一下縫製作品所需的基本知識。

開始縫製前

＊作品的作法說明使用的尺寸為寬×長。
　但有時使用有方向的印花布或是對齊圖案時，尺寸會不一樣，這點請注意。
＊若無特別指定，搭配圖片說明製作順序時是以cm為單位。
＊手作包的本體及提把等只有直線的部分，未附原寸紙型。
＊附錄的原寸紙型中，手作包及波奇包已含縫份，不需另加縫份。
　衣服的紙型不含縫份，請參考作法說明裁布圖加上縫份。

工具　請備妥基本的裁縫工具。

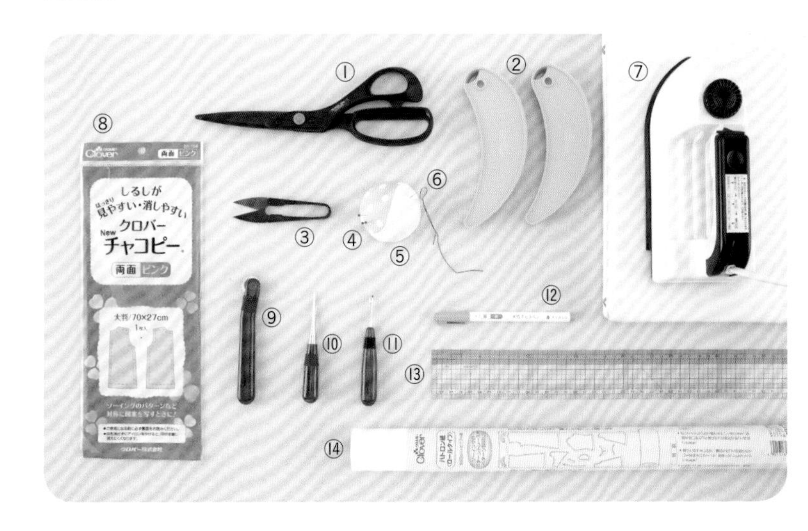

①**布剪**…專門用來剪布。若用來剪其他物品，容易變鈍，請注意！
②**紙鎮**…複寫紙型時用來防止滑動。
③**線剪**…剪線用的剪刀。
④**珠針**…用於暫時固定兩片以上的布。
⑤**針插**…針暫時不用時先插在上面。
⑥**手縫針**…手縫時使用的針。
⑦**熨斗與熨斗墊**…用於燙平皺褶或燙壓摺線。
⑧**布用複寫紙**…與點線器配套使用，在布上作記號。
⑨**點線器**…轉動齒狀的刀刃在布上作記號。
⑩**尖錐**…整理邊角或車縫時用來送布。
⑪**拆線器**…U字部分附刀刃，可用來拆除縫線等。
⑫**粉土筆**…作記號的筆。有水溶性及自然消失兩種款式。
⑬**方格尺**…畫有格子長約50cm，方便好用。
⑭**玻璃紙**…紙薄，方便用來描繪附錄的原寸紙型。也可用描圖紙代替。

整理布紋　首先，就從準備布開始作業。

何謂布紋

布是由經紗與緯紗交織而成。經紗與緯紗垂直相交才是標準狀態，但買來的布通常不標準，所以要重新調整布紋，縫製的作品才會漂亮。

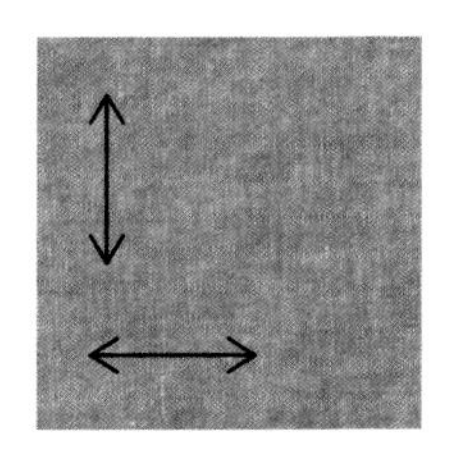

布紋的調整順序

＊聚酯纖維材質的布不必先下水。羊毛及絲絹等布料的布紋調整方式也不相同，請向購買的店家等確認清楚。

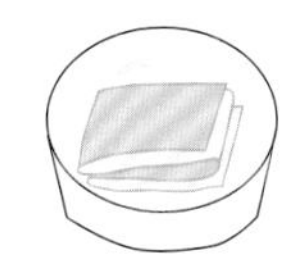

①盆中裝滿水，將摺成風琴摺的布泡水約1小時。接著輕輕擰去水分，將布拉平，調整好布紋，並晾在通風的無日照處直到接近全乾。

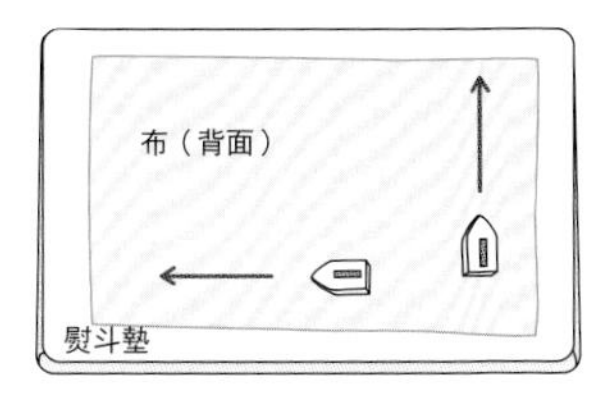

②一邊將布紋整理成垂直相交，一邊以熨斗從背面整燙。

整燙縫份　縫後以熨斗整燙縫份。仔細作業，完成的作品就會很不一樣。

整熨方式

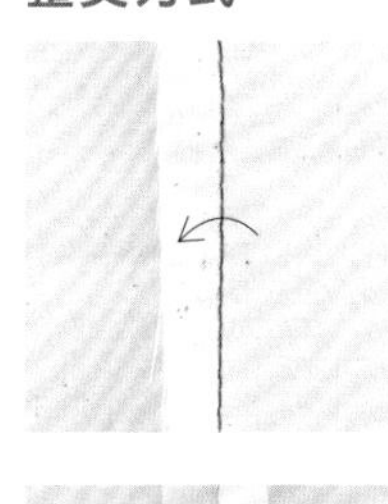

倒下（倒向單側）
縫合後的縫份（2片以上）一起倒向單側。

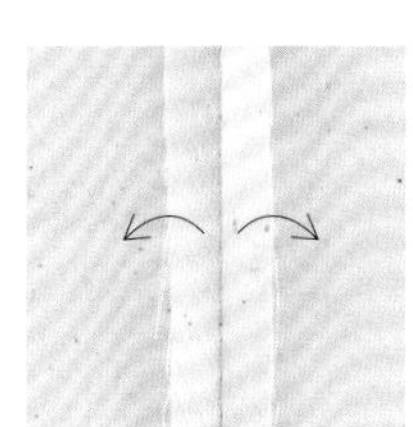

熨開
將縫份燙開，倒向左右兩側。

黏著襯 黏貼於裁布圖所指定的位置。

何謂黏著襯

貼至布的背面，用來增加布的張力、補強以及防止變形。基布上塗有一層熱熔膠，以熨斗壓燙，遇熱就會黏在布料上。黏著襯的基布因種類不同而能營造不同感覺，加上厚度不一，就根據想要縫製的作品選擇合用的。

黏著襯的種類

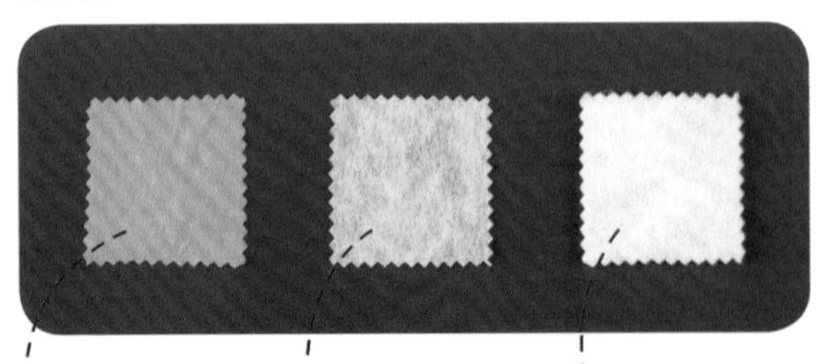

● 梭織襯
基布為平紋紡織，本身有布紋，需對齊布料的布紋黏貼。容易與布料貼合，柔軟度佳。適合衣服等。

● 不織布襯
基布的纖維由不同方向糾結而成，從任一方向裁斷幾乎都OK。可營造堅挺感。

● 布襯
在拉薄的棉布上塗膠。貼上後作品會有蓬度。

黏著襯的貼法

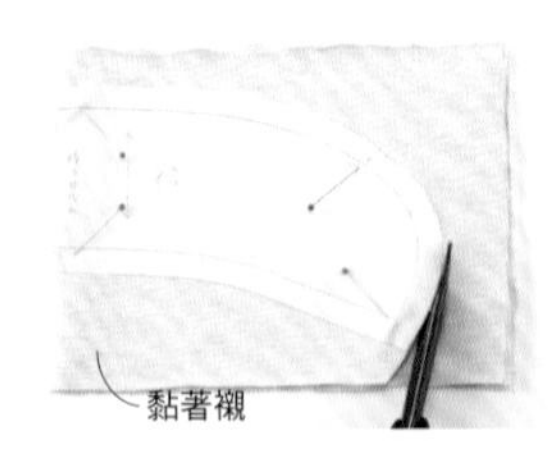

● 整面黏貼
黏著襯遇熱（熨斗）會縮，要貼整面時，布要裁得比紙型大，貼好黏著襯後再裁成紙型的大小。

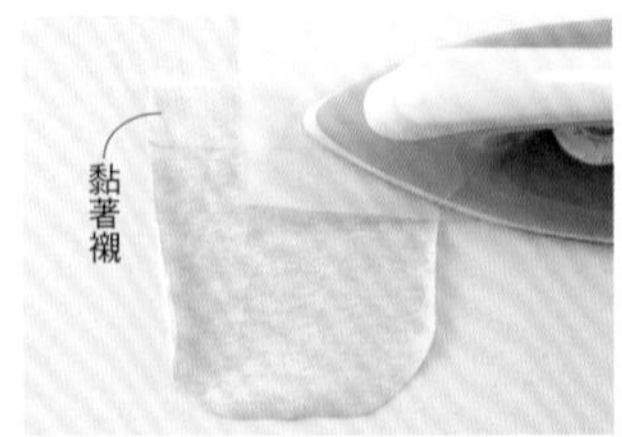

● 局部黏貼
將黏著襯裁成貼襯部位的形狀後再貼上。

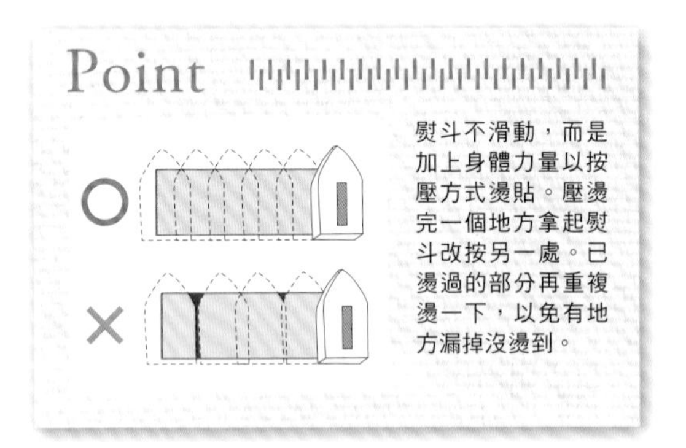

熨斗不滑動，而是加上身體力量以按壓方式燙貼。壓燙完一個地方拿起熨斗改按另一處。已燙過的部分再重複燙一下，以免有地方漏掉沒燙到。

紙型的用法 描繪附錄的原寸紙型，另外製作紙型再開始裁布。

描繪紙型

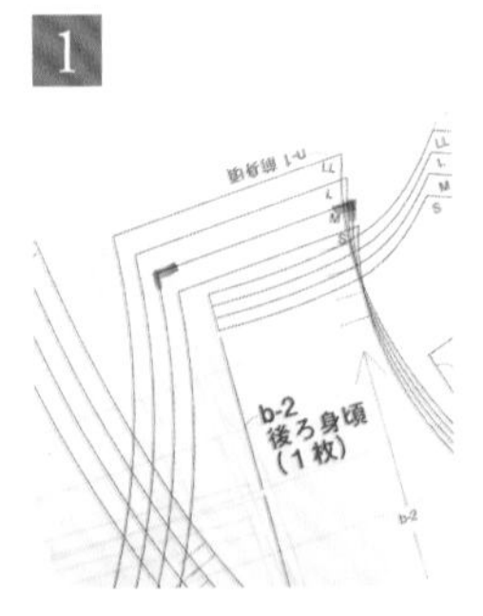

在附錄找到要描繪的紙型後，在邊角等以顯眼的顏色作記號，方便辨識。

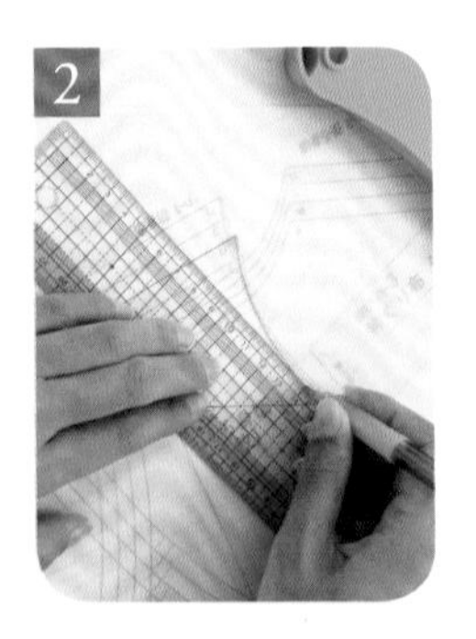

將玻璃紙放在紙型上，以紙鎮固定以防位移。接著使用尺與筆描線。遇到曲線時緩緩移動尺的角度描繪。布紋線及合印也要描下，同時寫上各部位的名稱。

看懂紙型上的記號

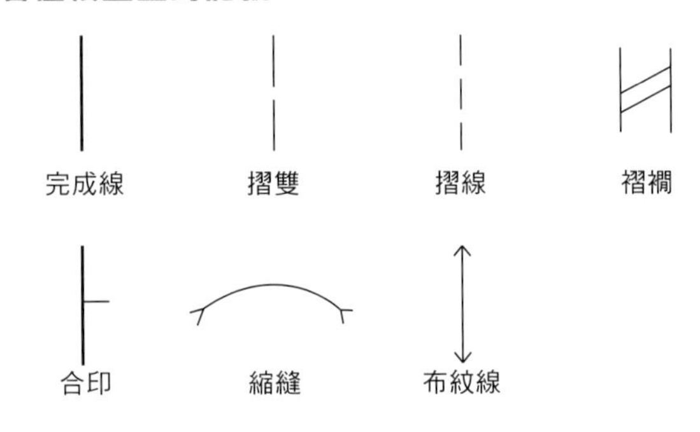

尺寸參考表（裸身尺寸）

尺寸	S	M	L	LL
身高	158			
胸圍	80	83	86	90
腰圍	64	67	70	74
臀圍	88	91	94	98

加上縫份

＊本書作品只有衣服需要加上縫份。手作包與波奇包的原寸紙型已含縫份。

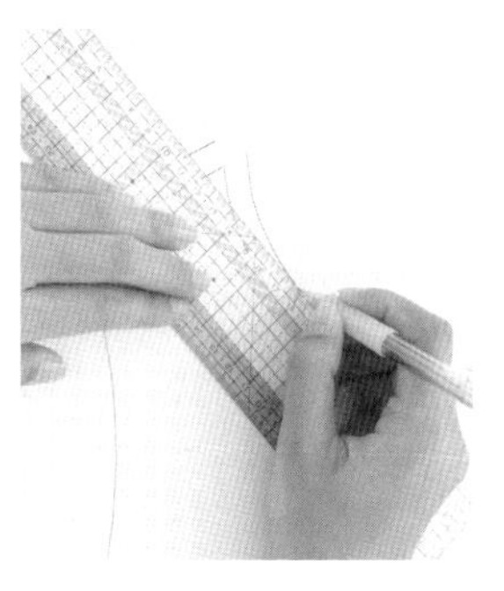

參考作法說明中裁布圖記載的尺寸，沿著完成線平行的畫出縫份線。使用方格尺會比較好作業。

Point

如何在斜角加縫份

袖口、下襬及脇邊等完成線接斜角的部分所加上的縫份，要恰好足夠沿著完成線摺疊，不能留太少也不能太多。

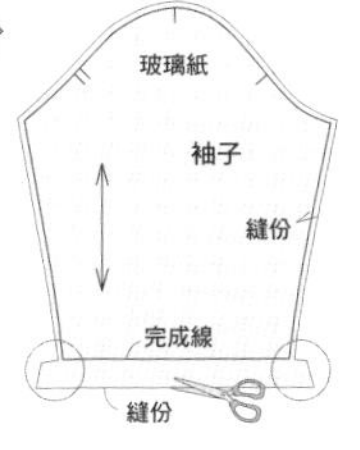

①當斜轉角以外的部位都加上縫份後，剪掉預留在袖口轉角的多餘紙型。

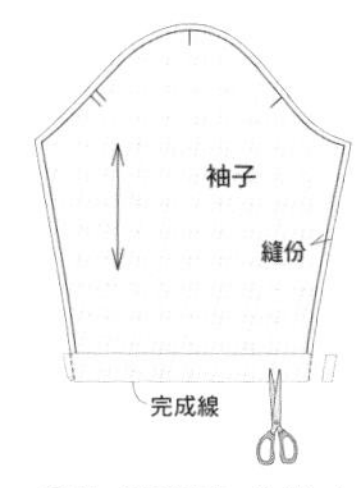

②先沿著完成線向上摺，再順著袖下的縫份線剪去多餘的部分。
※若指定三摺邊，就先三摺邊後再剪。

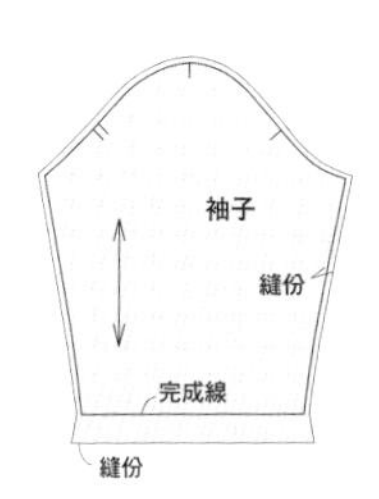

③這麼一來，摺疊時縫份也能摺得十分工整。

裁剪

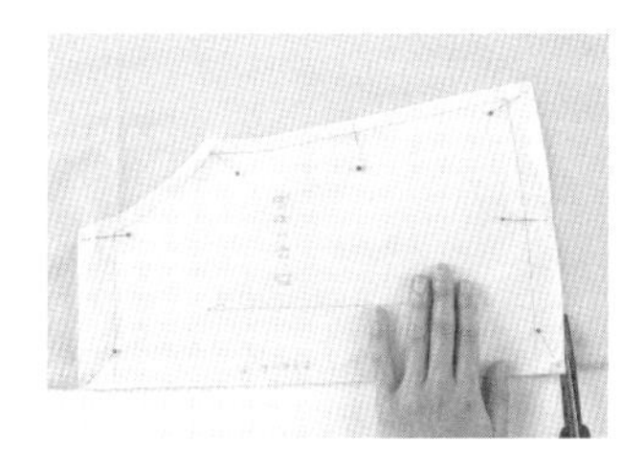

對齊紙型與布料的布紋，以珠針固定。若有指定要「摺雙」裁剪，就將摺山與摺雙線重疊，使用布用剪刀從端部裁剪。

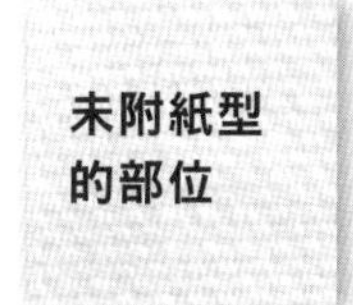

直線裁的部位，有些未附紙型，請參考裁布圖記載的尺寸，以粉土筆等直接畫線後裁剪。

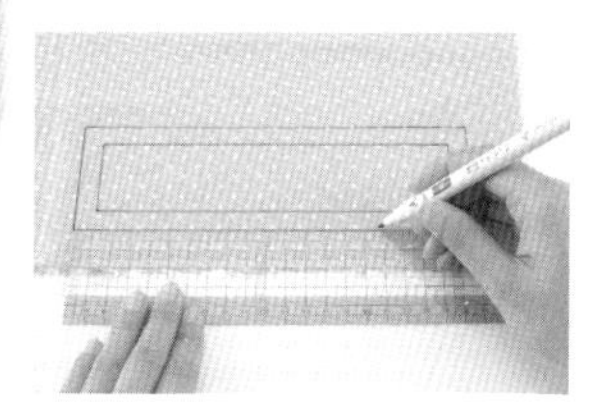

作記號

介紹三種在布上作記號的方法，這些記號是車縫時不可或缺的。

布用複寫紙（雙面型）

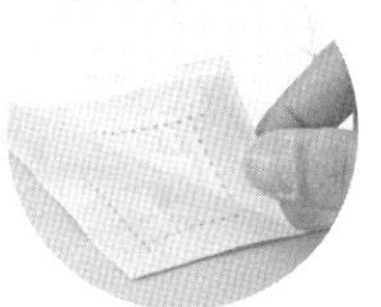

將布用複寫紙夾在正面相對疊合的布片之間，再以點線器的滾輪按壓紙型上的記號複印於布上。

剪牙口

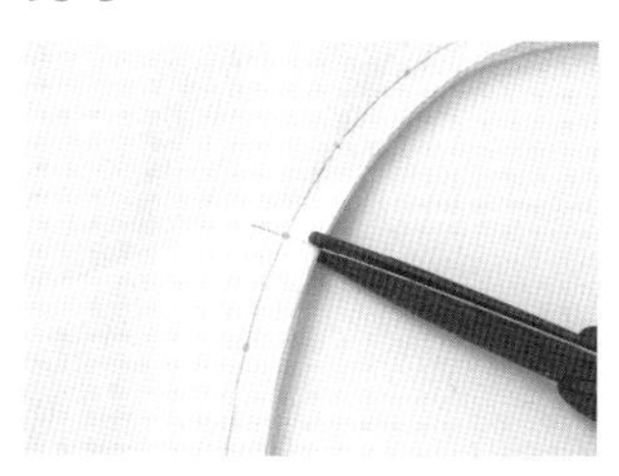

在縫份剪0.2cm左右的牙口當成記號。由於是剪布，所以無法在完成線的內側作記號。

粉土筆

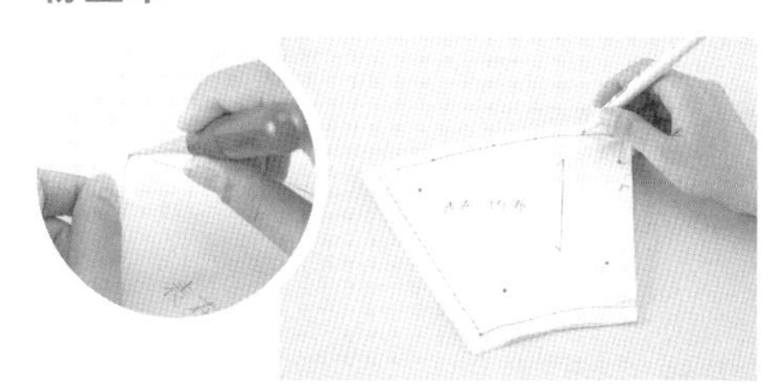

①事先以尖錐等在紙型的完成線上鑽洞，接著將紙型放在布的背面上，以粉土筆作記號。

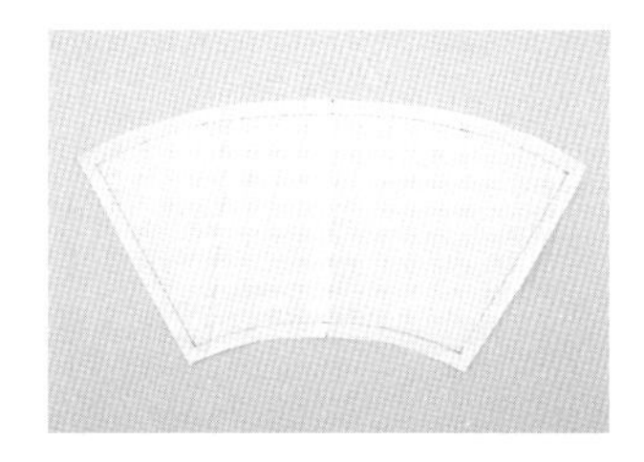

②紙型翻面，依樣在布的另一側作記號。接著將點連起來，畫出完成線。

車縫 認識車縫與手縫的基本操作。

布・針・線的關係

根據使用的布料使用適合的針與線。
在正式作業前，可先在布角等試縫一下。

布	薄布 細麻布	一般厚度 床單布 府綢 亞麻 梨面布	厚地 帆布11號 帆布8號
針	9號	11號	14號、16號
線	90號	60號	30號

珠針的固定方式

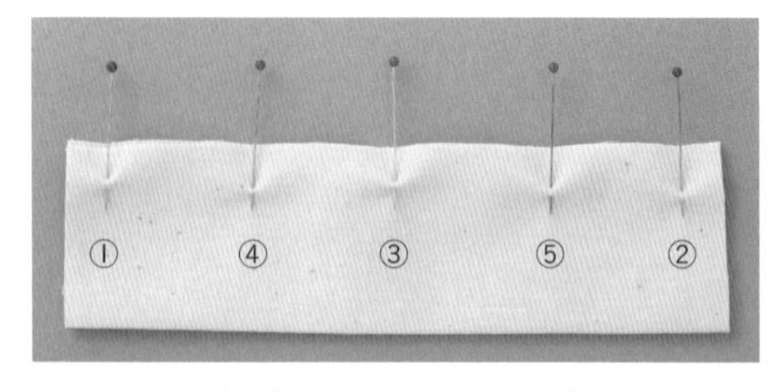

首先固定兩端（①②），接著固定中心（③），最後是固定兩端與中心（④⑤）之間。這樣的固定順序讓布就不容易移位。

處理縫份

● Z字形車縫

針趾呈Z字形，用來車縫布邊。

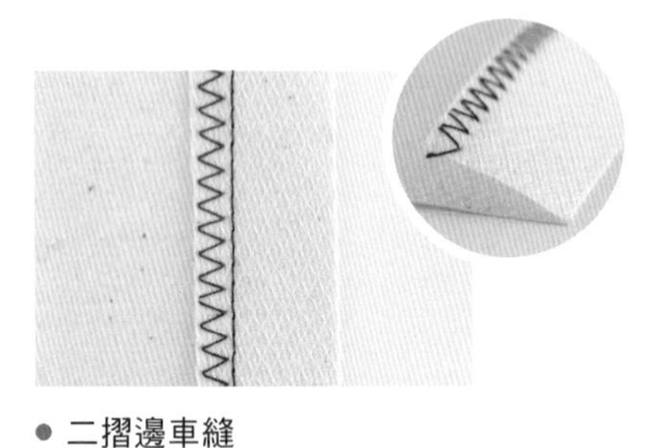

● 二摺邊車縫

布邊摺一次車縫。因為看得見布邊，先進行Z字形車縫等再摺邊車縫。

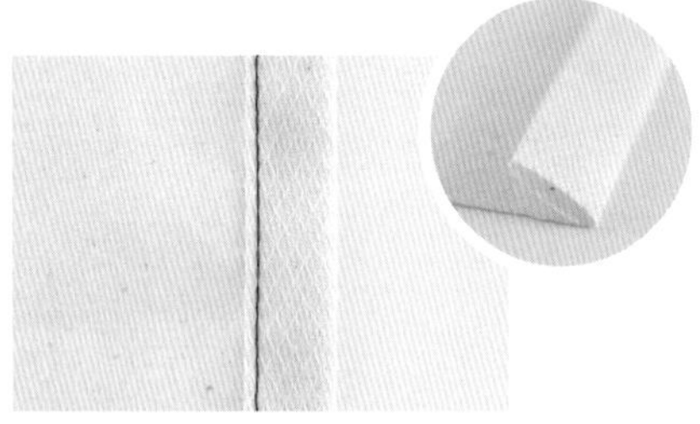

● 三摺邊車縫

布邊摺二次車縫。布邊摺入了內側，所以看不到了！

手縫

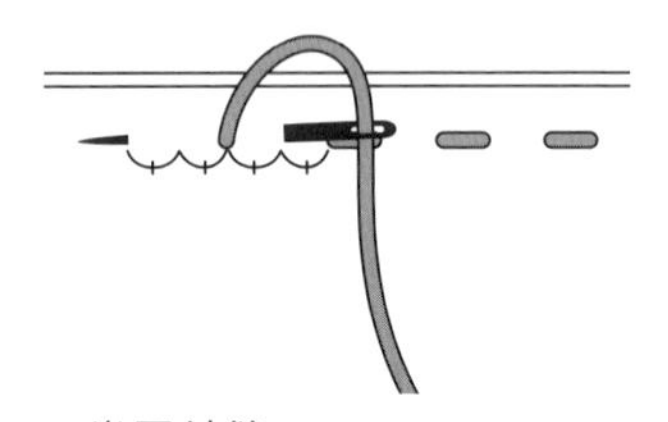

● 半回針縫

回縫半針，於前一針趾的一半入針，拉著往前在1.5針的位置出針。

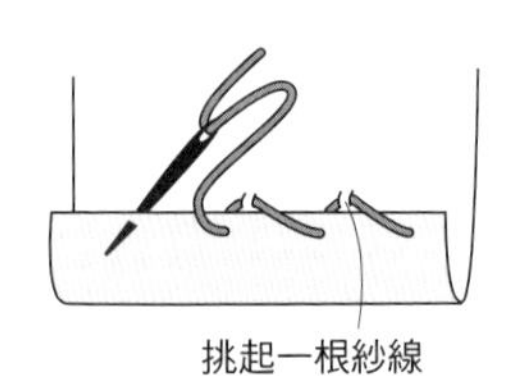

● 斜針縫

挑起表布的一根紗線斜針縫，再於縫份出針。

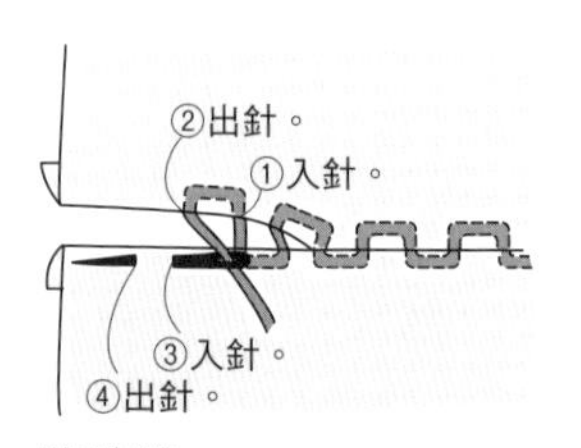

● 藏針縫

接合兩片布的摺山，交替挑縫摺山。

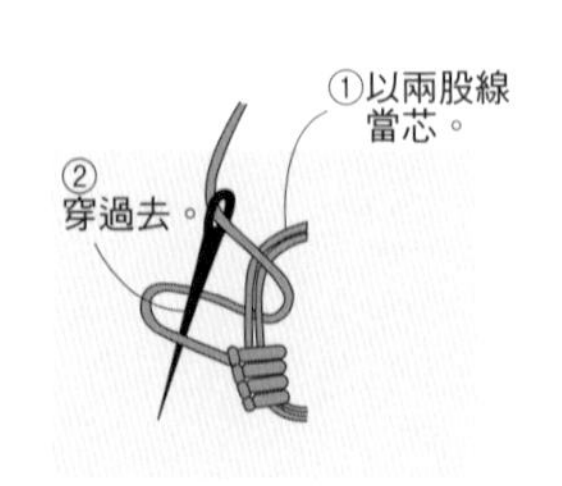

● 線圈

一開始先渡兩次線，再於線上進行釦眼繡。

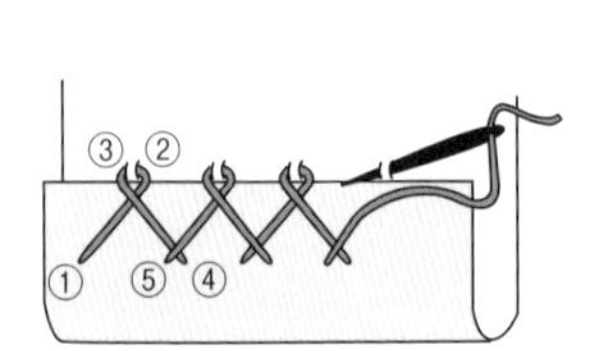

● 千鳥縫

交替挑起表布與縫份的紗線，由左側縫向右側。

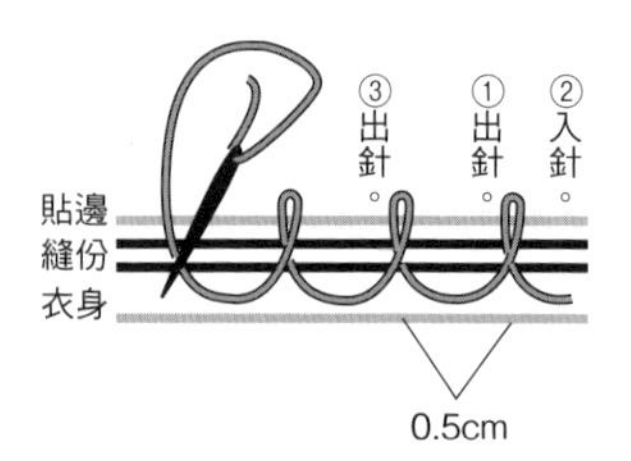

● 星止縫

在貼邊出針，倒退約一根紗的距離入針，穿過內側的兩片縫份出針。

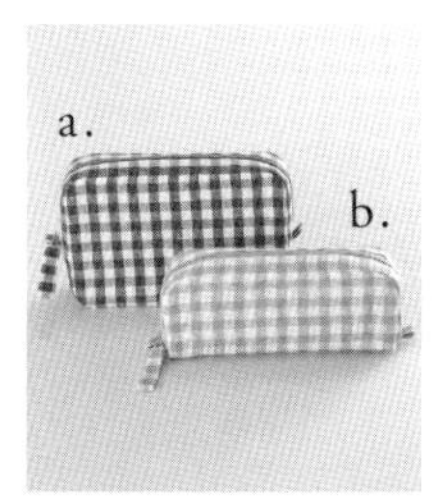

a.
ㄇ形側身波奇包
photo P.18

b.
全開式波奇包
photo P.18

<a>

完成尺寸 寬18×高12×側身4cm

材料 麻布（白色×紫色格紋）35×35cm、棉布（白色×灰色格紋）35×35cm、黏著襯35×70cm、長30cm長金屬拉鍊1條

●原寸紙型A面a a-1表布・裡布、2表側身・裡側身、3表底・裡底

<b>

完成尺寸 寬18×高7×側身4cm

材料 麻布（白色×黃綠色格紋）30×35cm、棉布（白色×茶色格紋）30×35cm、黏著襯40×50cm、長30cm長金屬拉鍊1條

●原寸紙型A面b b-1表布・裡布、2表側身・裡側身

裁布圖（波奇包a）

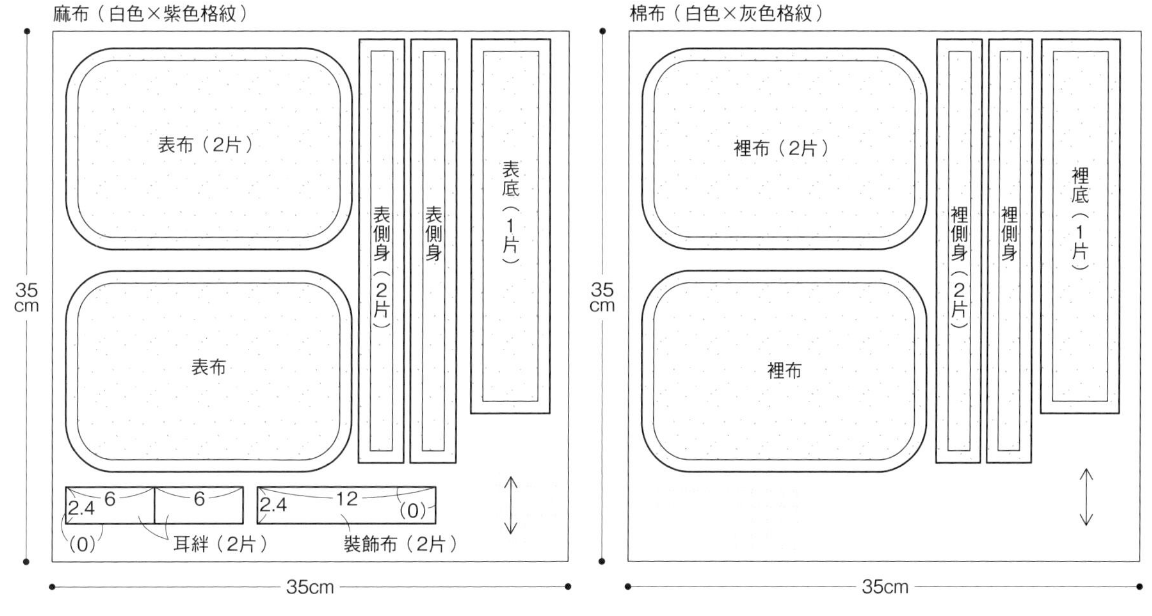

※（　）內的數字代表縫份。除了指定處之外，其餘縫份皆為0.8cm。　※▭指貼上黏著襯。　※原寸紙型已含縫份。

裁布圖（波奇包b）

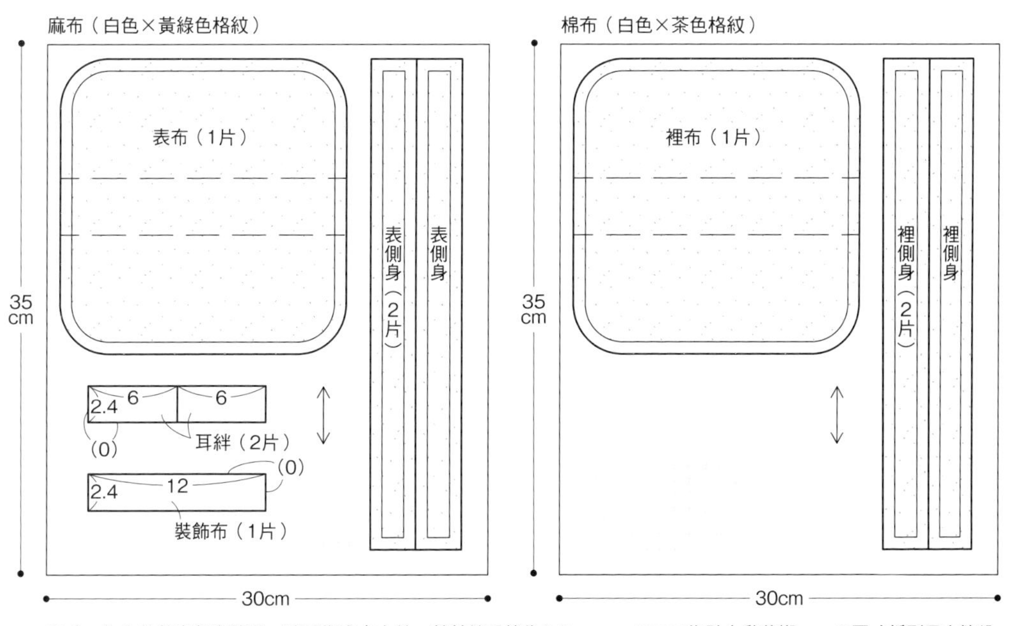

※（　）內的數字代表縫份。除了指定處之外，其餘縫份皆為0.8cm。　※▭指貼上黏著襯。　※原寸紙型已含縫份。

作法（波奇包b）

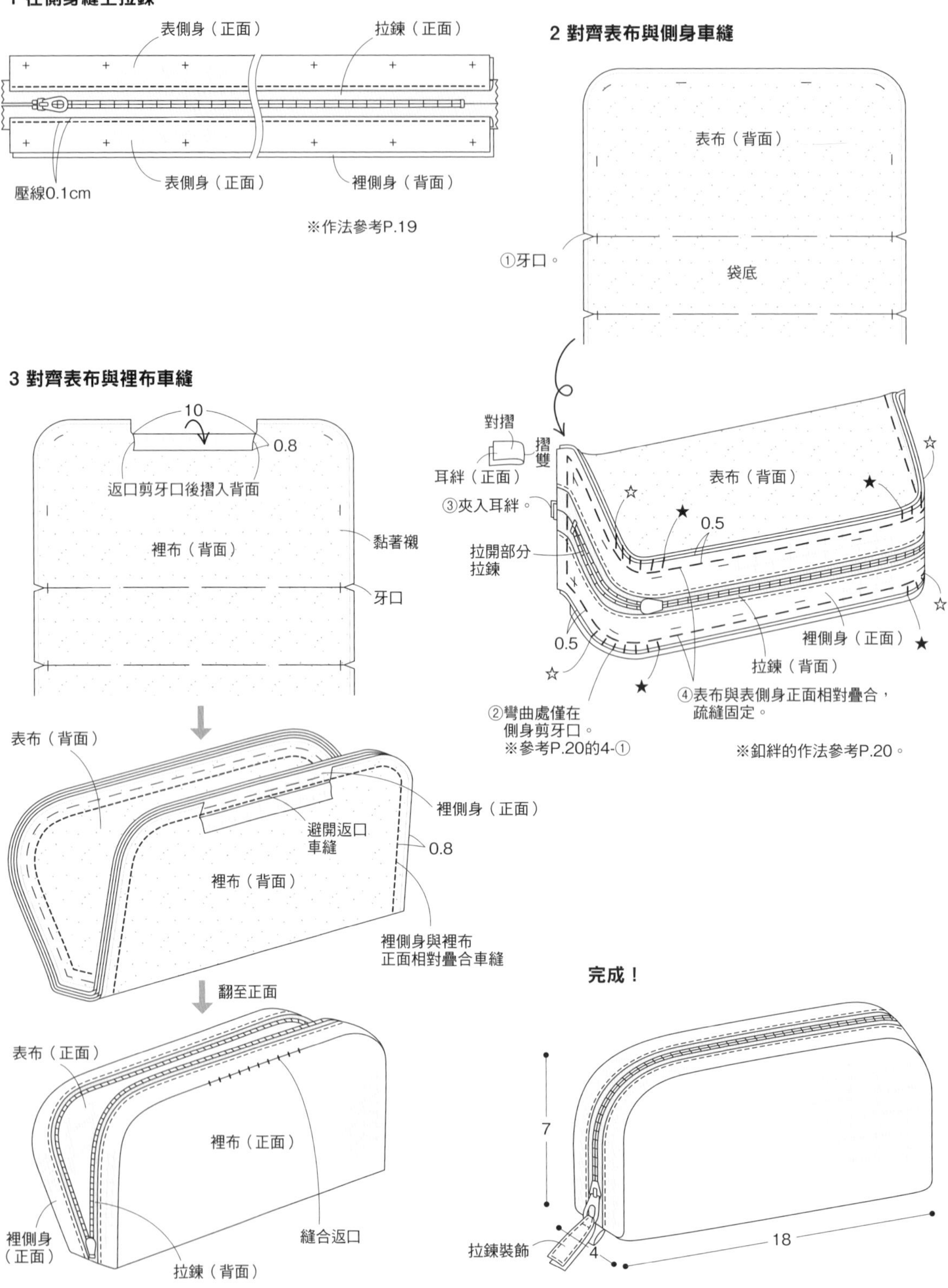
1 在側身縫上拉鍊
表側身（正面）
拉鍊（正面）
壓線0.1cm
表側身（正面）
裡側身（背面）
※作法參考P.19
2 對齊表布與側身車縫
表布（背面）
①牙口。
袋底
對摺
摺雙
耳絆（正面）
③夾入耳絆。
表布（背面）
0.5
拉開部分
拉鍊
0.5
裡側身（正面）
拉鍊（背面）
④表布與表側身正面相對疊合，
疏縫固定。
②彎曲處僅在
側身剪牙口。
※參考P.20的4-①
※釦絆的作法參考P.20。
3 對齊表布與裡布車縫
10
0.8
返口剪牙口後摺入背面
裡布（背面）
黏著襯
牙口
表布（背面）
裡側身（正面）
避開返口
車縫
0.8
裡布（背面）
裡側身與裡布
正面相對疊合車縫
翻至正面
表布（正面）
裡布（正面）
裡側身
（正面）
縫合返口
拉鍊（背面）
完成！
7
拉鍊裝飾
4
18

c.

托特包

photo P.22

完成尺寸　寬28×高25×側身10cm

材料　牛津布（地圖圖案）80×40cm、起絨靛藍亞麻布64×52cm、青年丹寧布40×54cm、黏著襯44×62cm、長40cmVISLON®拉鍊1條、茶色皮革3×3cm兩片、1.2cm寬提洛爾花紋織帶20cm、時鐘垂墜1個

裁布圖

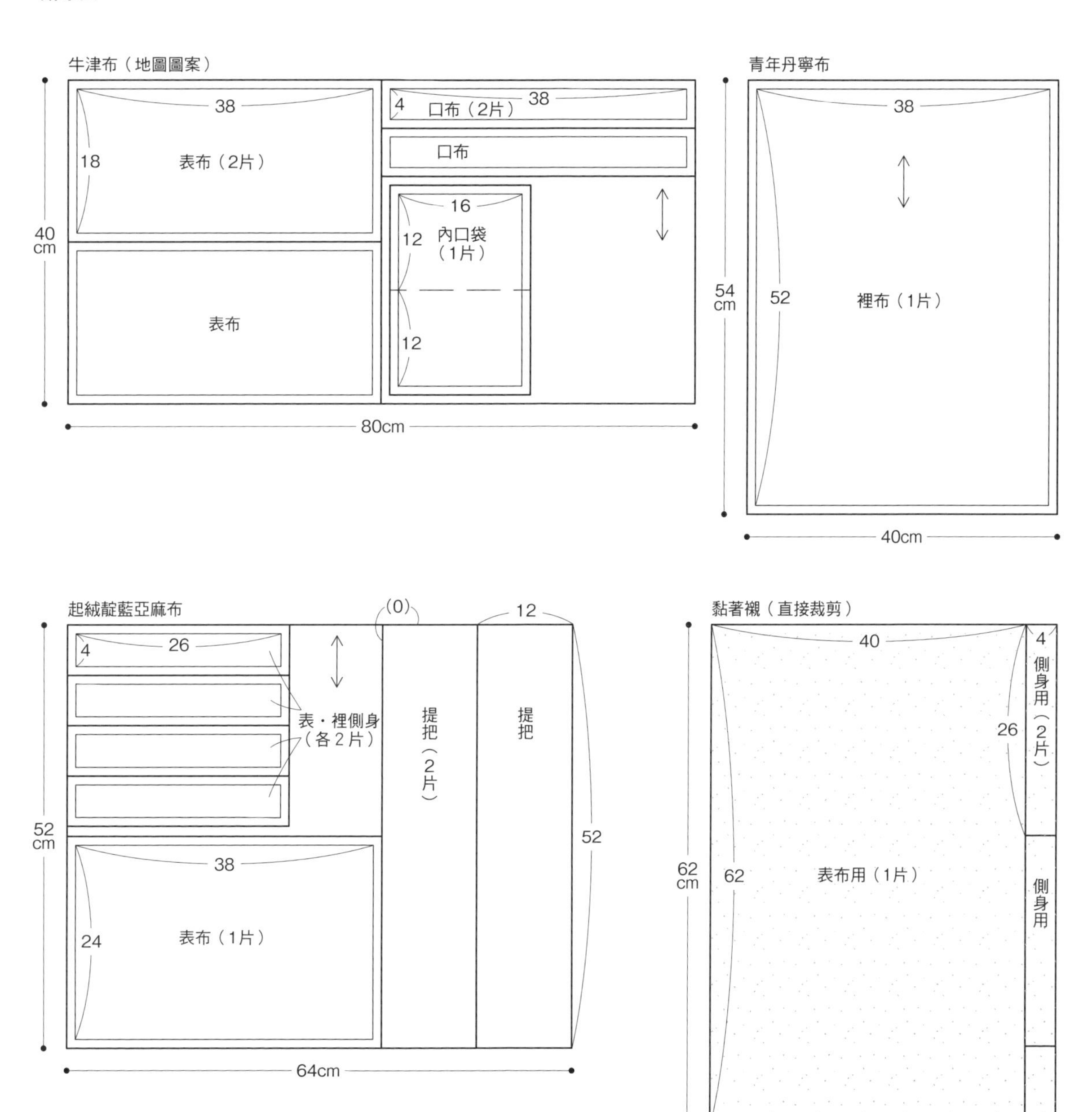

※（　）內的數字代表縫份。除了指定處之外，其餘縫份皆為1cm。

1.

褶襉裙

photo P.44

完成尺寸（左起S/M/L/LL）

裙長（含腰帶）…64／65／66／66cm　腰圍…65／68／72／76cm

材料　斜紋布（摩卡色）110cm寬×155／155／160／160cm、薄棉布5×5cm、黏著襯80×3cm、20cm長FLATKNIT®拉鍊1條、直徑1.5cm釦子1個

●**原寸紙型A面1**　1-1前·後裙片

裁布圖

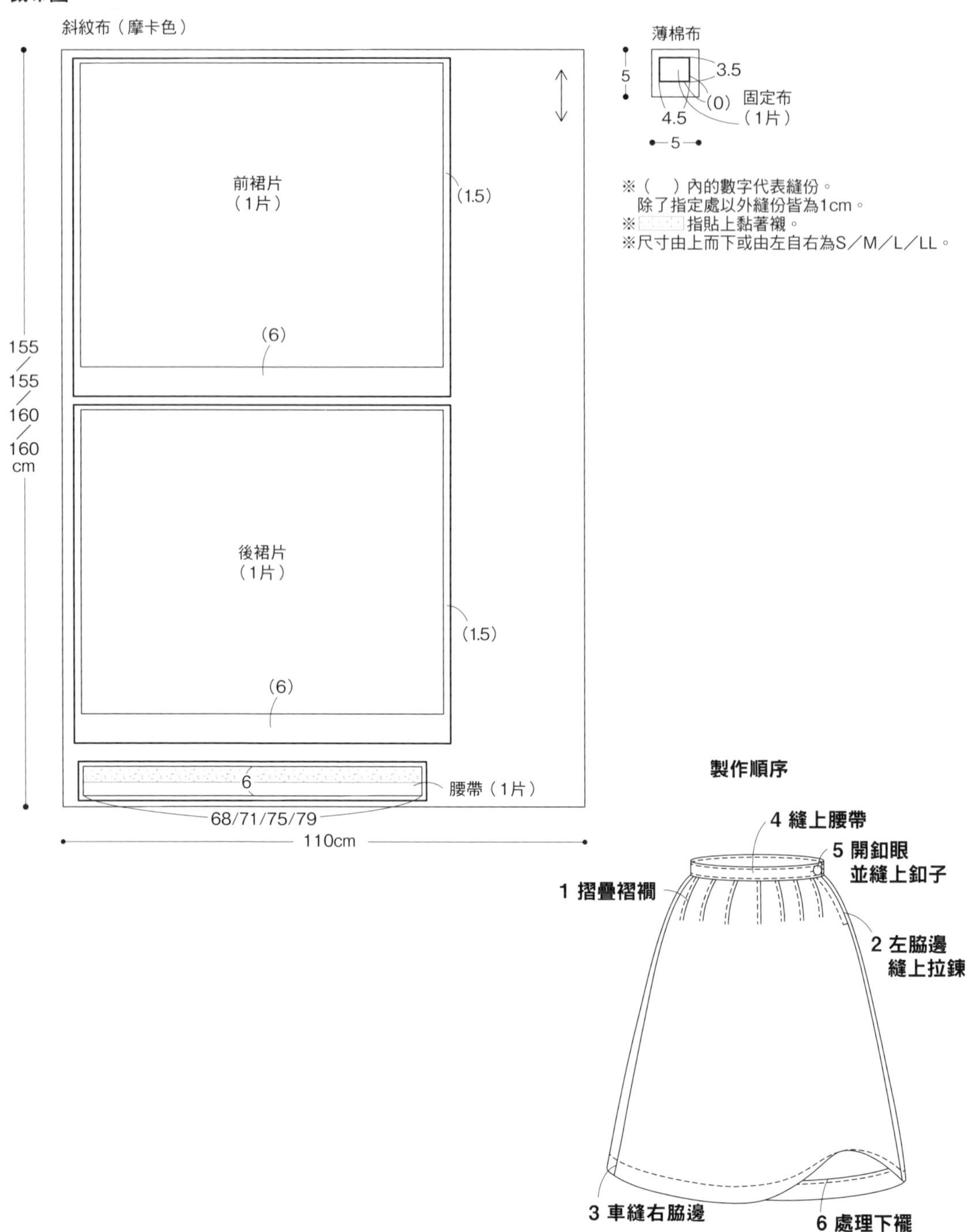

d.
口袋托特包
photo P.26

完成尺寸　寬21×高12cm

材料　牛津布（地圖圖案）25×30cm、棉麻布（條紋）25×45cm、薄黏著襯25×30cm、長20cm金屬拉鍊1條、1.2cm寬提洛爾花紋織帶23cm、狗狗造型釦1個

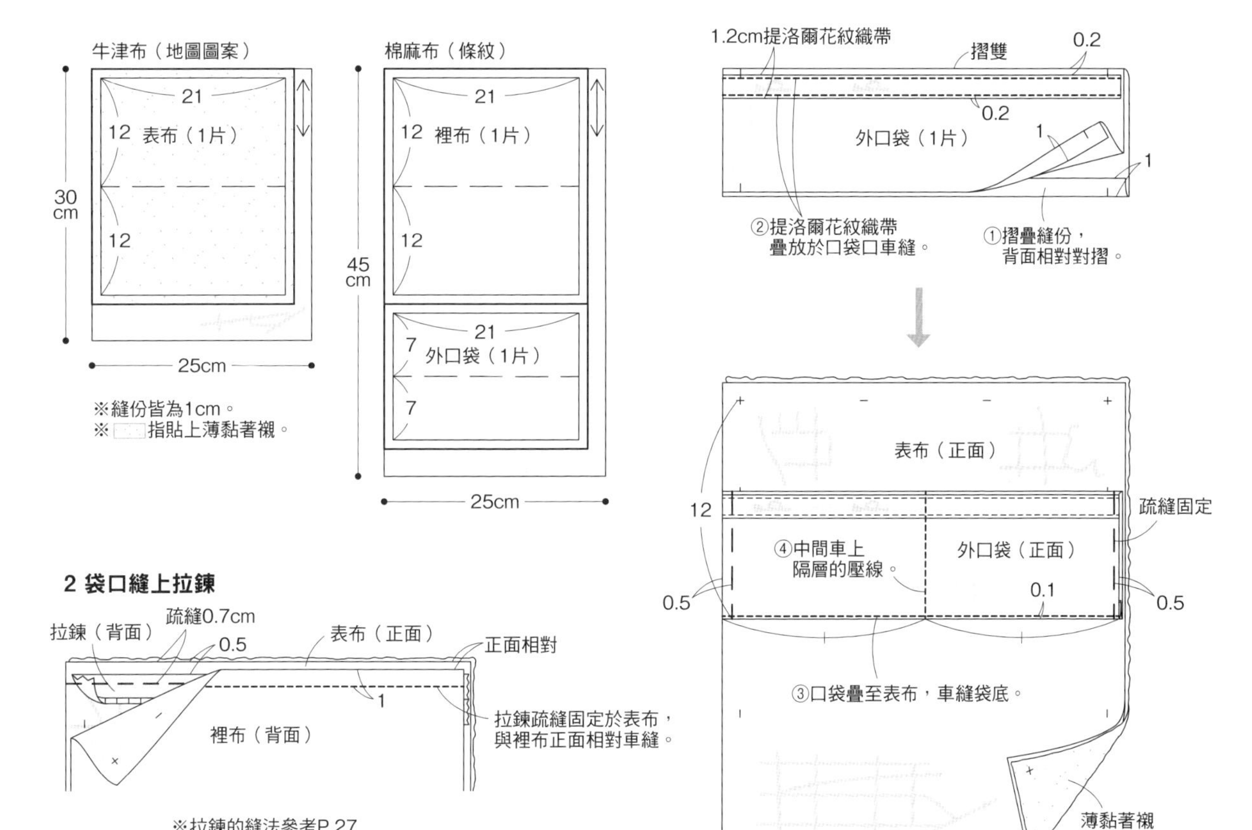

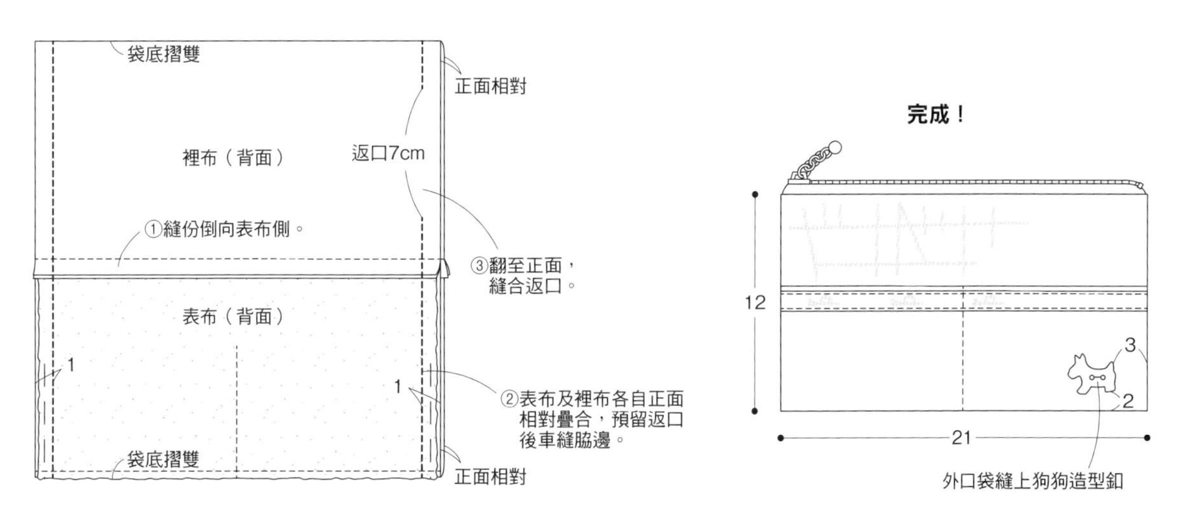

e.
迷你波奇包
photo P.28

完成尺寸 寬10×高8.5×側身5cm

材料 <1>亞麻布（深藍色）20×25cm、細麻布（花朵圖案）30×25cm、1.4cm寬提洛爾花紋織帶17cm

<2>細麻布（花朵圖案）30×25cm、細麻布（圓點）18×25cm　1cm寬刺繡緞帶2cm、薄黏著襯18×25cm

<1・2共用>17cm長FLATKNIT®拉鍊1條、1.5cm寬茶色真皮皮革5cm

●原寸紙型A面e　e-1表布・裡布

裁布圖

<1>…表布 亞麻布（深藍色）・裡布 細麻布（花朵圖案）
<2>…表布 細麻布（花朵圖案）・裡布 細麻布（圓點）

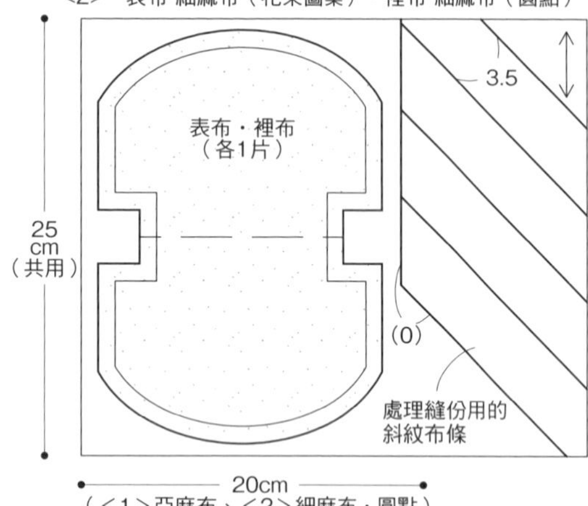

※（　）內的數字代表縫份。除了指定以外縫份皆為1cm。
※處理縫份用的斜紋布條為細麻布（花朵圖案）。
※ 　 是只在<2>的表布貼上薄黏著襯。
※原寸紙型已含縫份。

1 在表布縫上織帶與緞帶

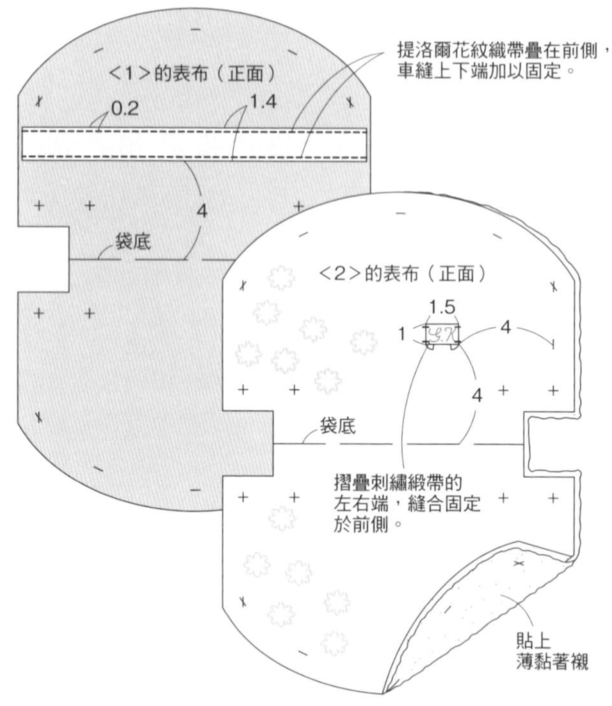

2 袋口縫上拉鍊

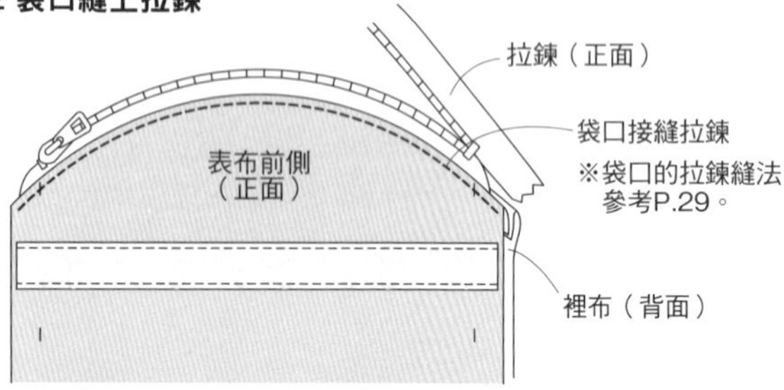

3 車縫脇邊，袋底打角，處理縫份

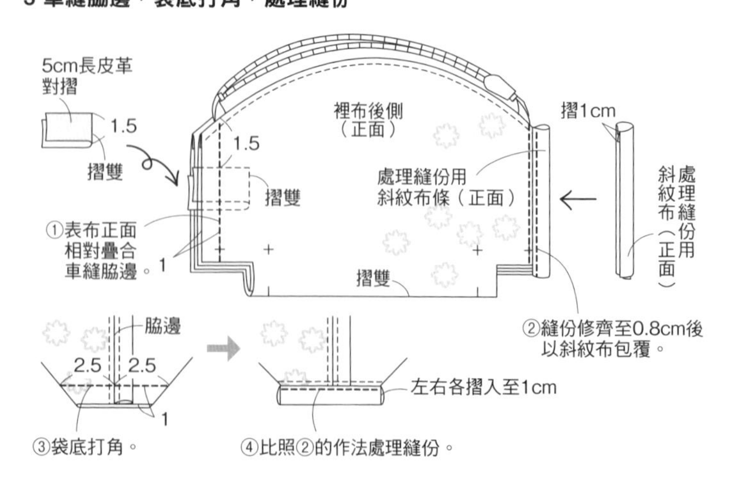

完成！

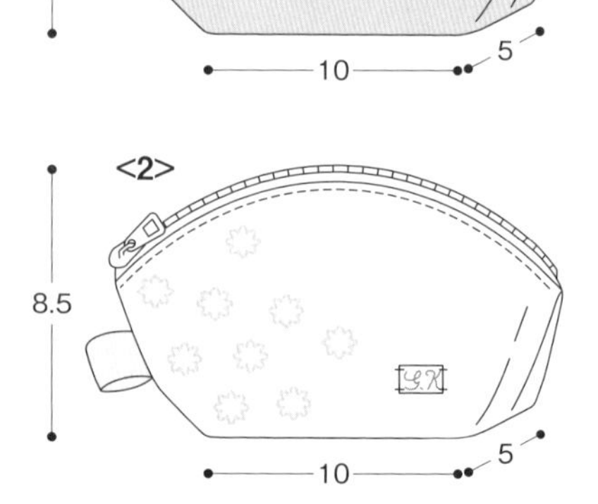

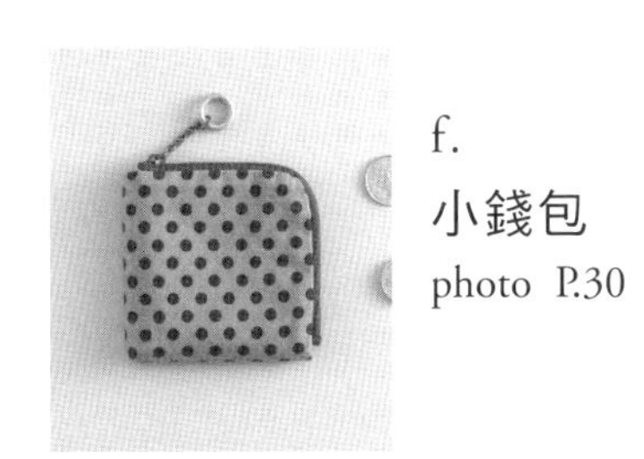

f.

小錢包

photo P.30

完成尺寸 寬9×高9×側身1cm

材料 棉布（圓點）12×22cm、棉布（條紋）30×22cm、黏著襯22×42cm、長16cm（20cm長）金屬拉鍊1條、直徑1.8cm木圈環1個、單圈2個、鍊條2.5cm

●原寸紙型A面f f-1表布・裡布

裁布圖

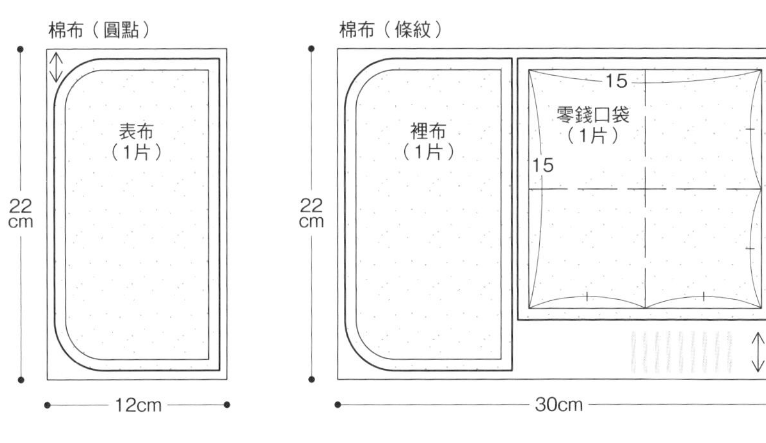

※（　）內的數字代表縫份。
除了指定處以外縫份皆為0.8cm。
※ 指貼上黏著襯。
※原寸紙型已包含縫份。

1 在表布的袋口縫上拉鍊

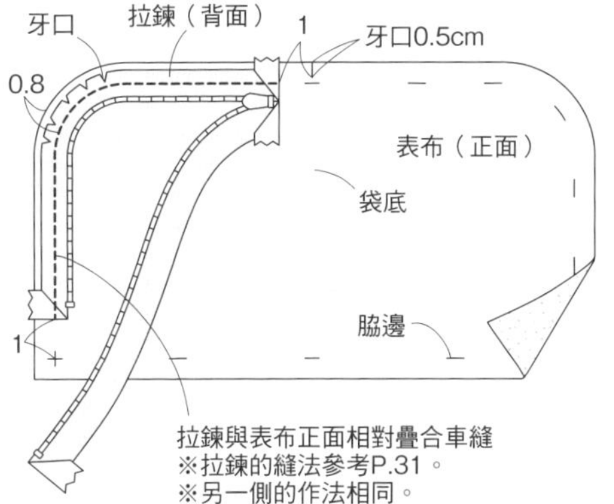

2 車縫表布的脇邊，袋底打角

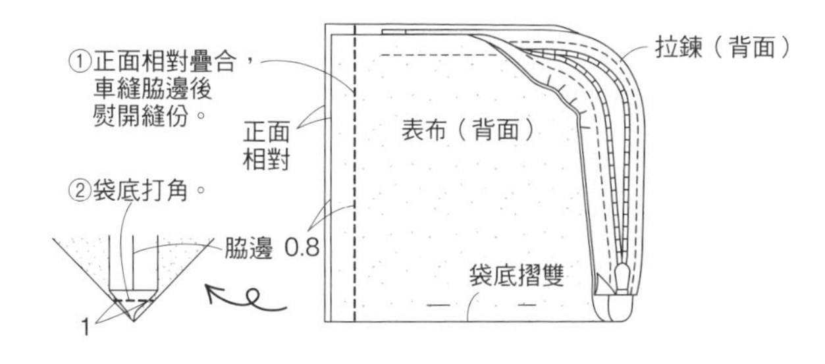

3 製作零錢口袋後夾入裡布的脇邊車縫

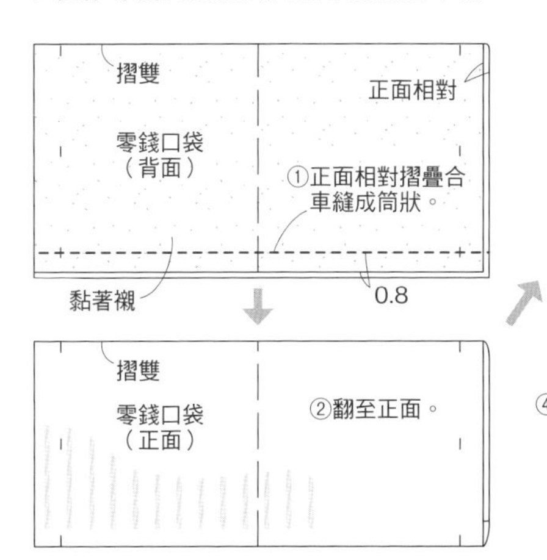

4 在表袋的內側縫上裡袋

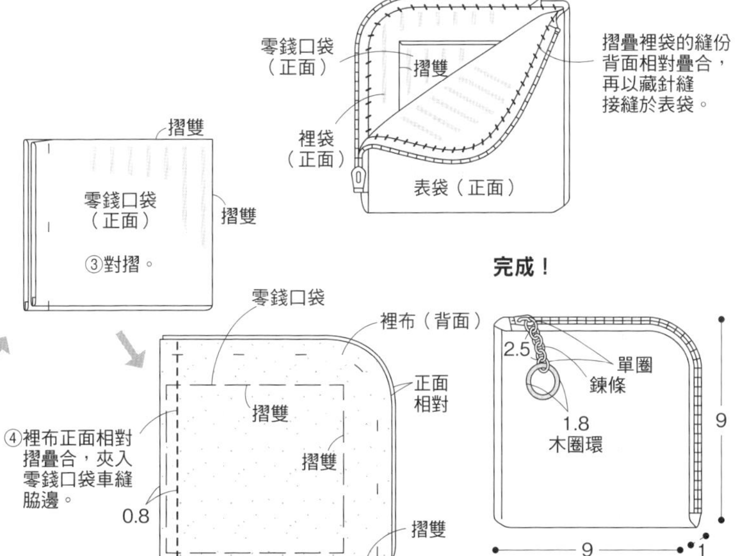

g.
支架口金側背包

photo P.32

完成尺寸 底寬20×高23×側身14cm

材料 美國棉布（帆船圖案）88×25cm、斜紋布（條紋）58×62cm、黏著襯36×62cm、40cm長VISLON®拉鍊1條、2cm寬織帶兩種×各17cm、支架口金18×7cm1組、吊耳用真皮皮革1×4cm兩片、0.9cm寬皮帶120cm、內徑1.2cmD型環2個、內徑1.3cm鋅鉤2個、直徑0.7cm雙面鉚釘2組、裝飾鉚釘2種各1組、直徑1.8cm釦子1個

裁布圖

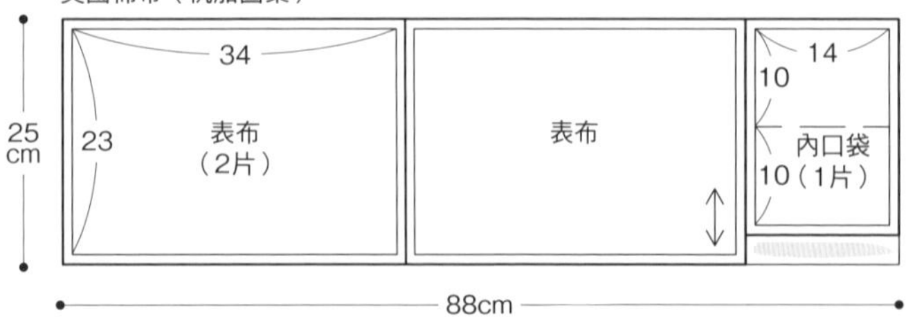

※（　）內的數字代表縫份。除了指定處之外，其餘縫份皆為1cm。

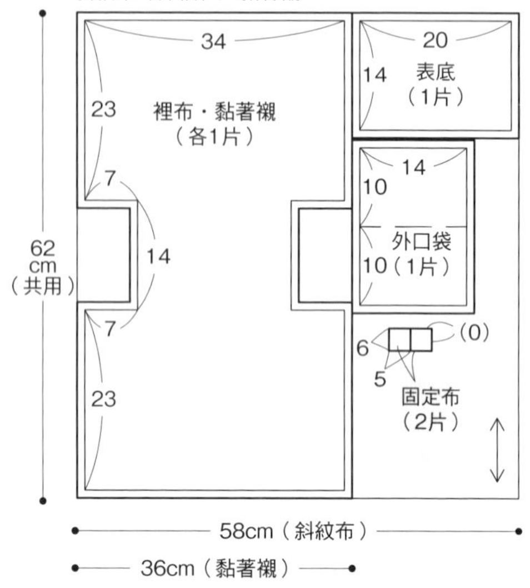

1 製作口袋

※內口袋・外口袋作法相同

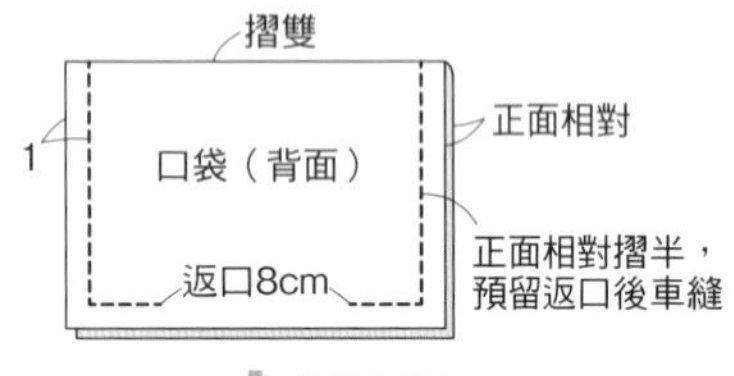

翻至正面

長17cm的織帶疊在口袋口，
左右兩端反摺至背面後進行壓縫

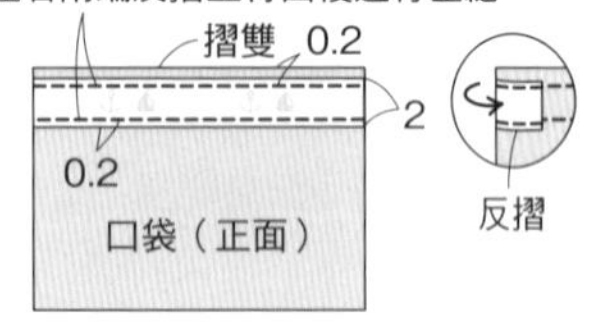

2 裡布縫上內口袋

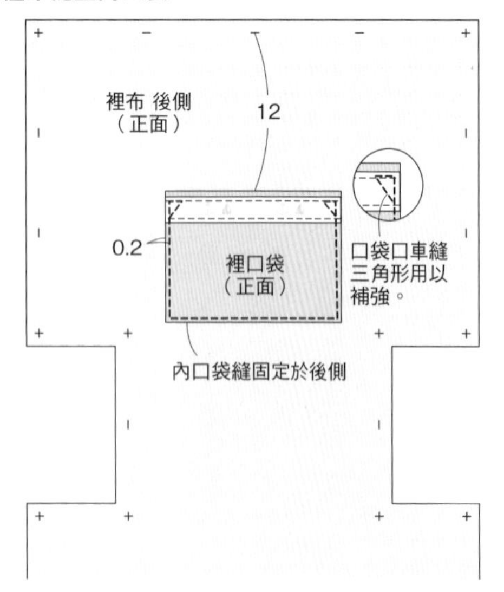

3 縫合表布與表底，縫上外口袋

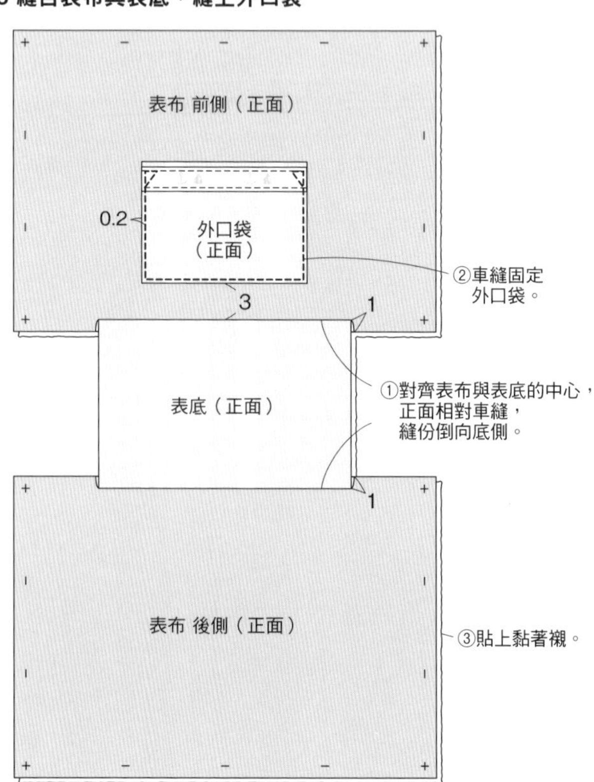

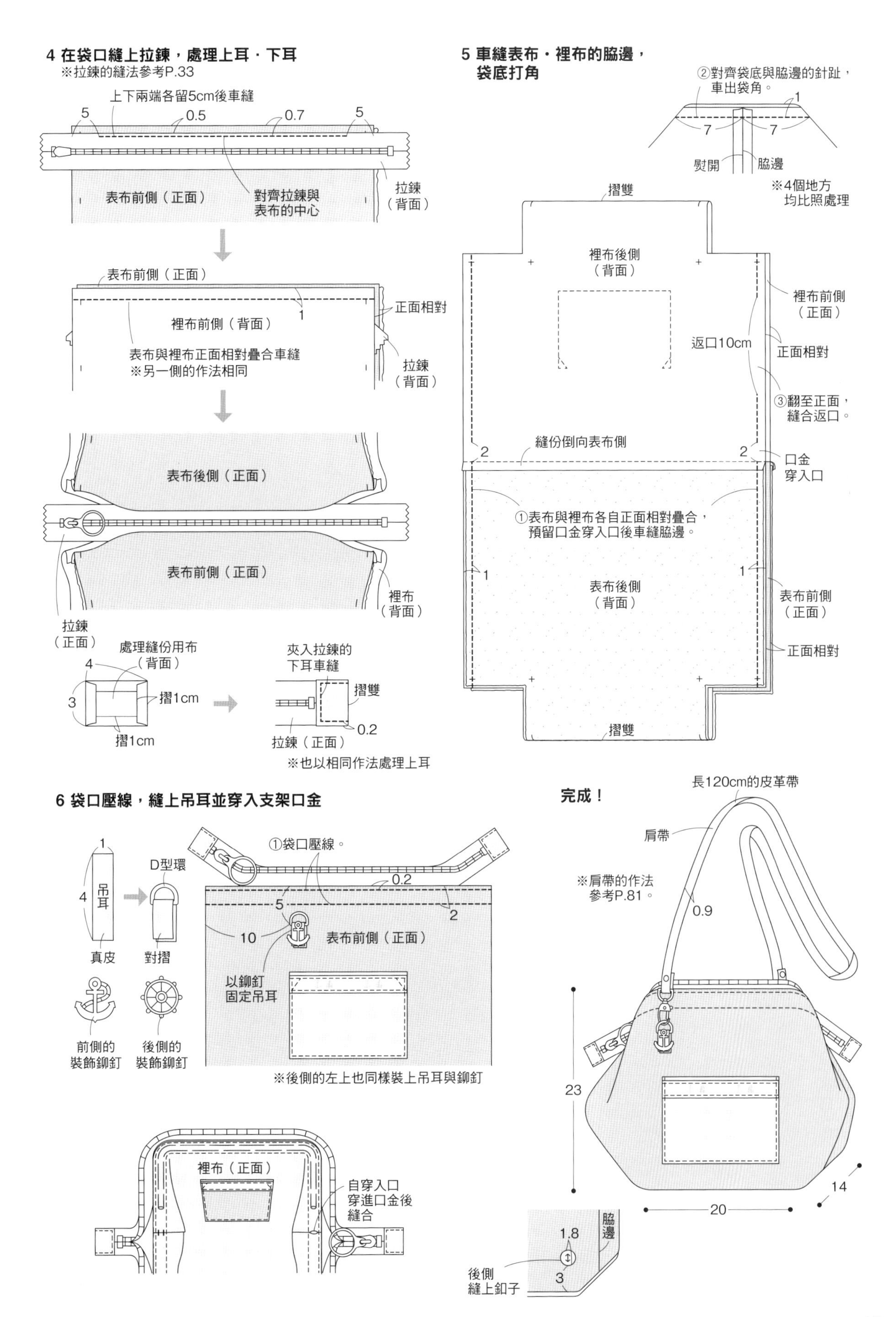
4 在袋口縫上拉鍊，處理上耳．下耳
※拉鍊的縫法參考P.33
上下兩端各留5cm後車縫
5
0.5
0.7
5
表布前側（正面）
對齊拉鍊與
表布的中心
拉鍊
（背面）
表布前側（正面）
1
正面相對
裡布前側（背面）
表布與裡布正面相對疊合車縫
※另一側的作法相同
拉鍊
（背面）
表布後側（正面）
表布前側（正面）
裡布
（背面）
拉鍊
（正面）
處理縫份用布
（背面）
4
3
摺1cm
摺1cm
夾入拉鍊的
下耳車縫
摺雙
0.2
拉鍊（正面）
※也以相同作法處理上耳
5 車縫表布・裡布的脇邊，
袋底打角
②對齊袋底與脇邊的針趾，
車出袋角。
1
7
7
熨開
脇邊
※4個地方
均比照處理
摺雙
裡布後側
（背面）
裡布前側
（正面）
返口10cm
正面相對
③翻至正面，
縫合返口。
縫份倒向表布側
2
2
口金
穿入口
①表布與裡布各自正面相對疊合，
預留口金穿入口後車縫脇邊。
1
1
表布後側
（背面）
表布前側
（正面）
正面相對
摺雙
6 袋口壓線，縫上吊耳並穿入支架口金
1
4
吊耳
D型環
真皮
對摺
前側的
裝飾鉚釘
後側的
裝飾鉚釘
①袋口壓線。
0.2
5
2
10
表布前側（正面）
以鉚釘
固定吊耳
※後側的左上也同樣裝上吊耳與鉚釘
裡布（正面）
自穿入口
穿進口金後
縫合
完成！
長120cm的皮革帶
肩帶
※肩帶的作法
參考P.81。
0.9
23
20
14
1.8
3
脇邊
後側
縫上釦子

h.
筆袋
photo P.34

完成尺寸　寬20.5×高7×側身7cm
材料　棉麻布（圓點）30×30cm、棉麻布（條紋）30×25cm、黏著襯30×50cm、20cm長金屬拉鍊1條、雙面鉚釘1組
●原寸紙型A面h　h-1表側身・裡側身

裁布圖

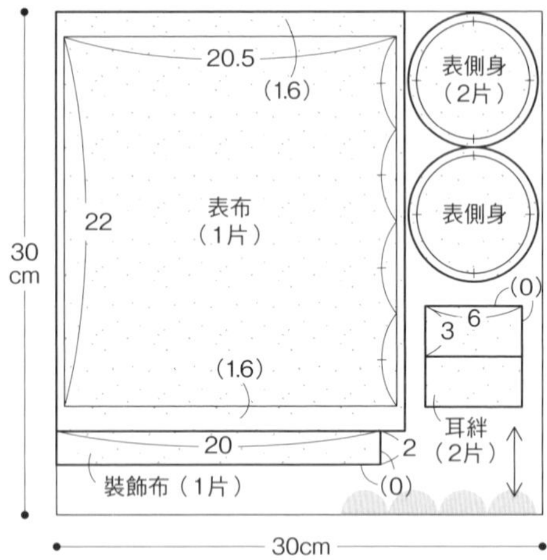

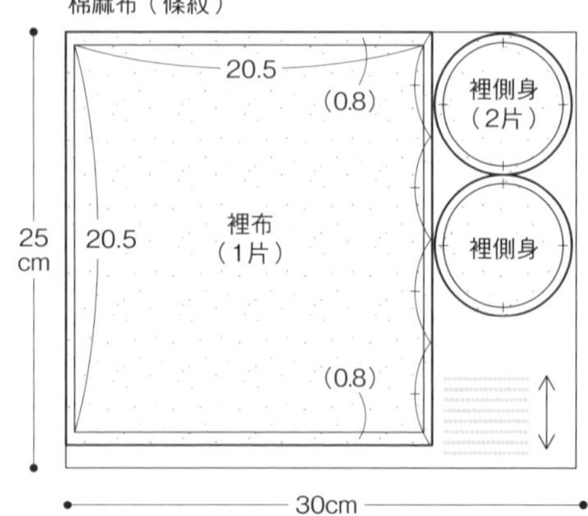

※（　）內的數字代表縫份。除了指定處之外，其餘縫份皆為0.5cm。
※　　指貼上黏著襯。
※原寸紙型已含縫份。

1 在袋口縫上拉鍊

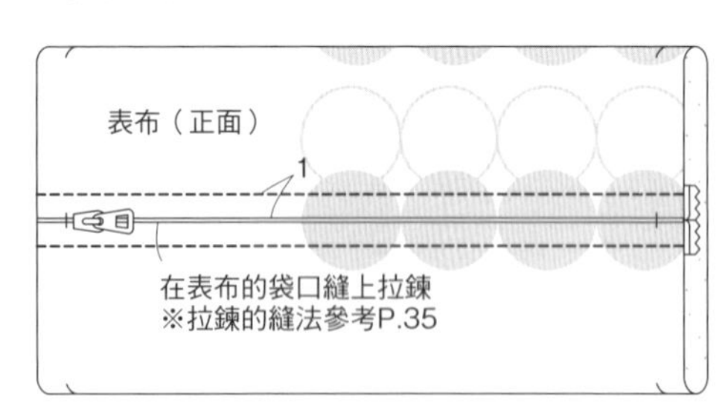

2 縫合表布與裡布

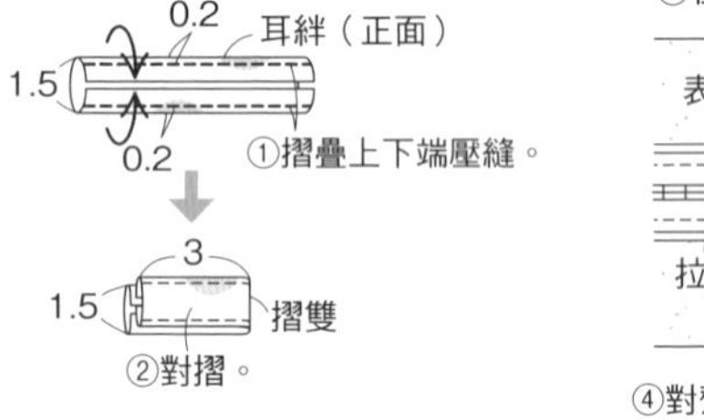

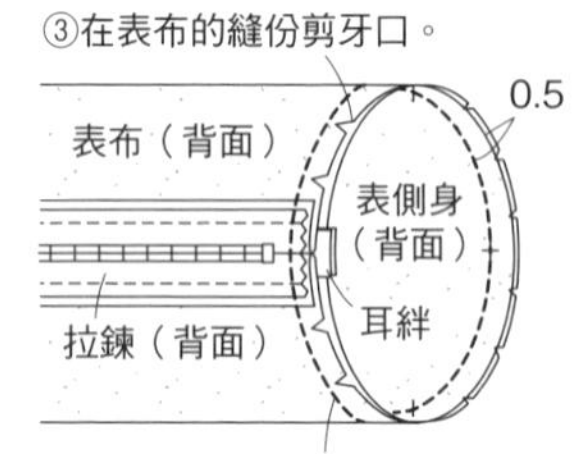

翻至正面

裡布（背面）　牙口
摺0.8cm
0.5
裡側身
（背面）
摺0.8cm
打開1.6cm
⑤對齊合印，將裡布與裡側身正面相對疊合車縫。

放入內側

裡布（正面）
表側身
（正面）
⑥表布與裡布背面相對疊合，裡布縫上拉鍊。

3 製作拉鍊裝飾

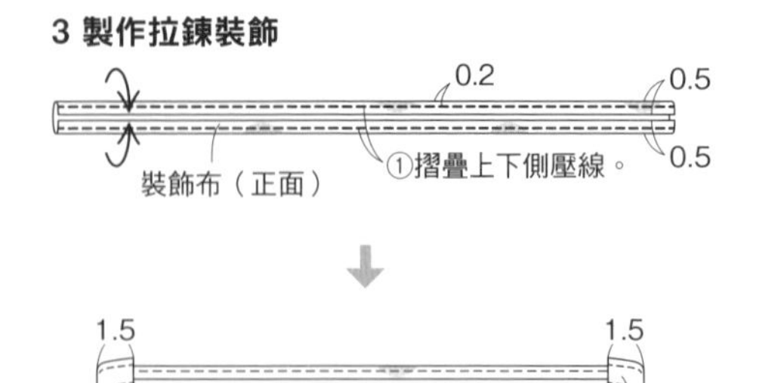

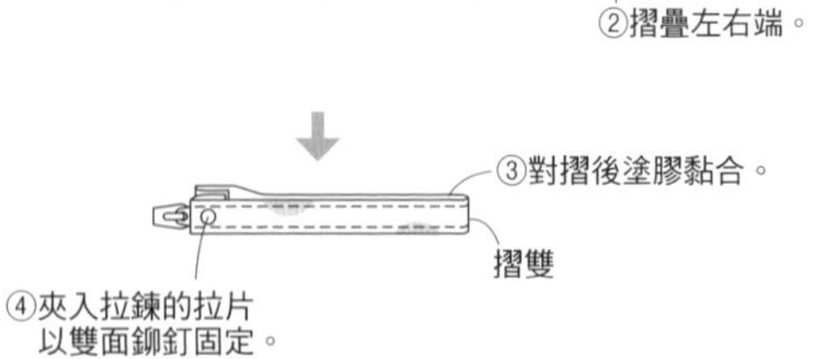

完成！

7
7
20.5

i.
側肩包
photo P.36

完成尺寸 寬22×高22.5cm

材料 棉麻布（印花）25×50cm、牛津布（茶色）25×50cm、20cm長金屬拉鍊1條、0.9cm寬皮帶130cm、內徑1cm的D型環2個、直徑1cm鋅鉤2個、直徑0.6cm雙面鉚釘2組、雙面雞眼釦#200一組、鍊條2.5cm、單圈2個

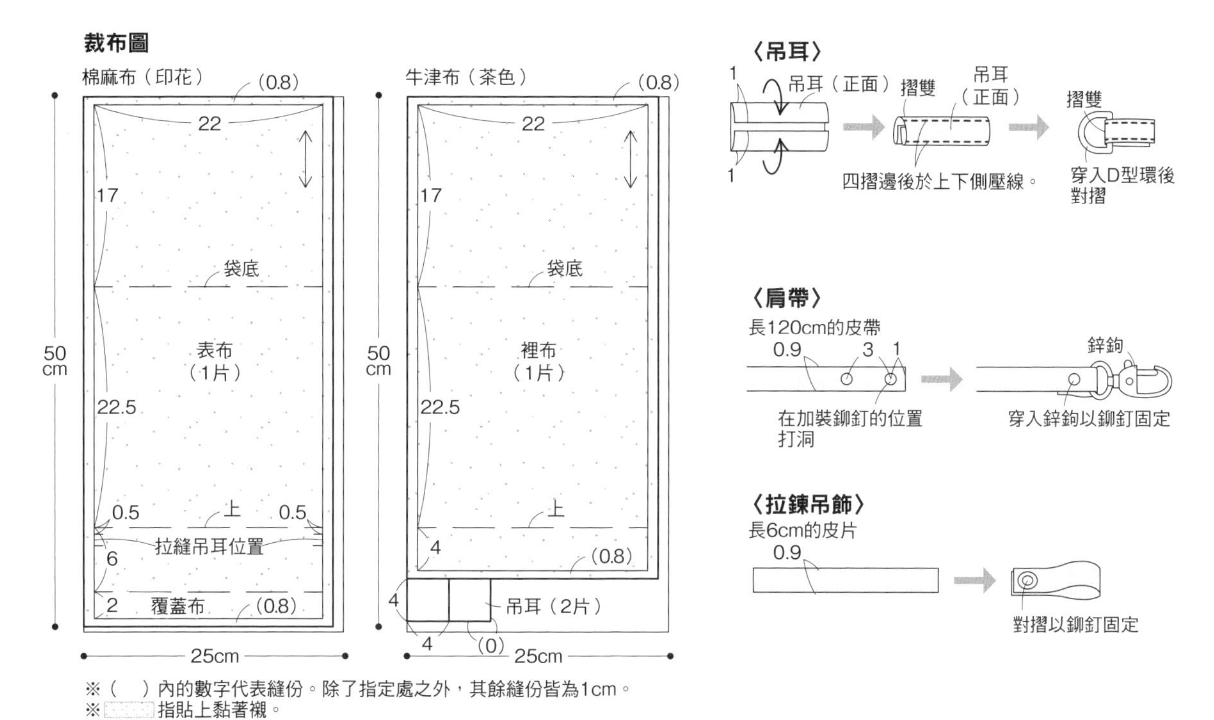

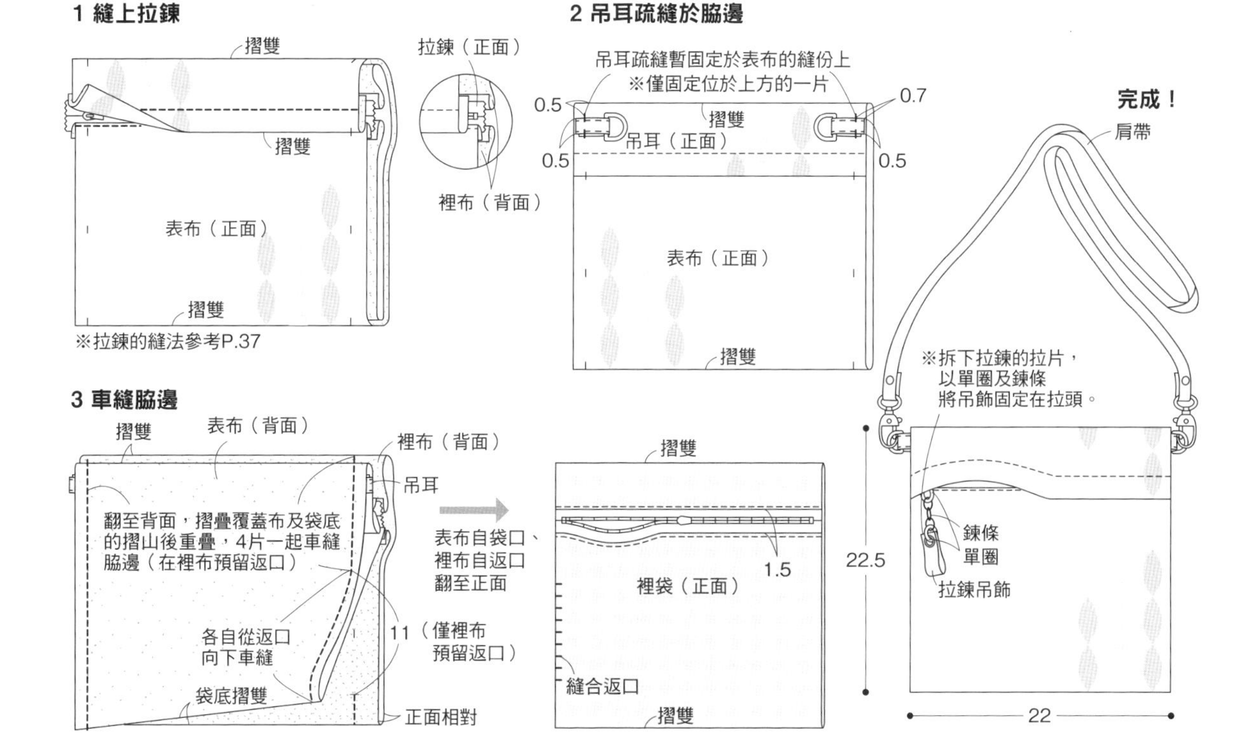

j.
口袋托特包
photo p.38

完成尺寸 寬36×高30×側身8cm

材料 麻帆布60×75cm、棉麻布（條紋）80×75cm、黏著襯80×75cm、20cm長金屬拉鍊1條、鍊條3cm、直徑0.5・0.7cm單圈各1個

裁布圖

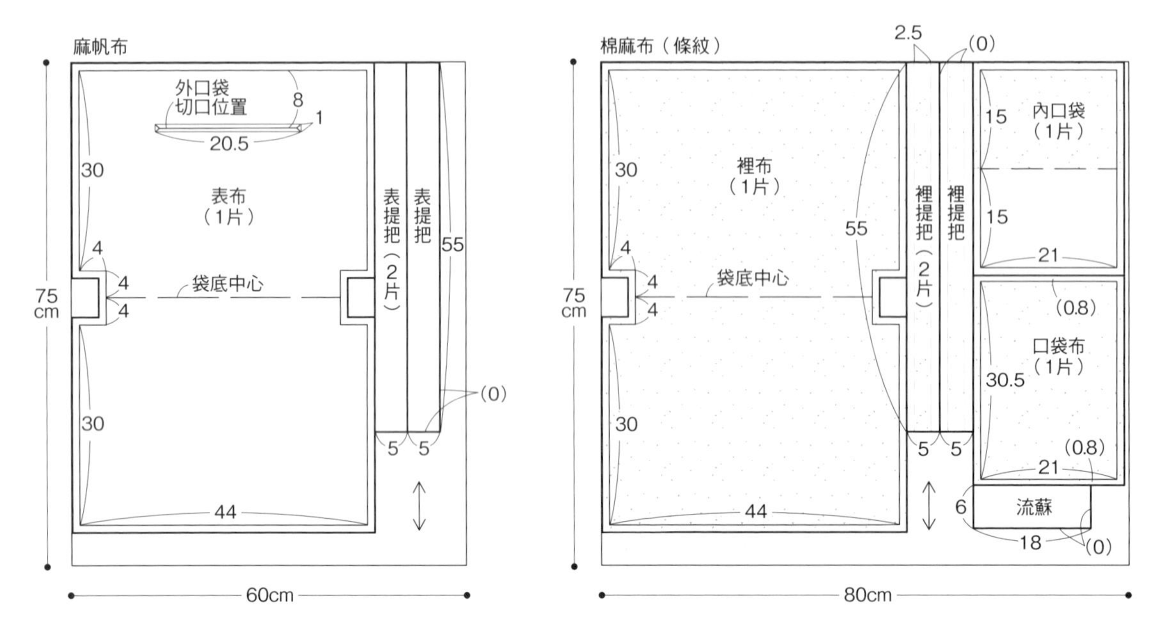

※（ ）內的數字代表縫份。除了指定處之外，其餘縫份皆為1cm。
※▒指貼上黏著襯。

1 在表布剪切口，製作外口袋

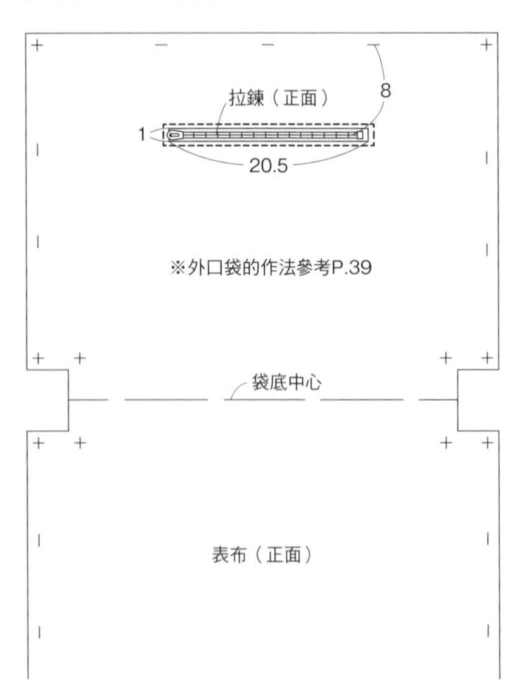

2 製作內口袋後縫至裡布

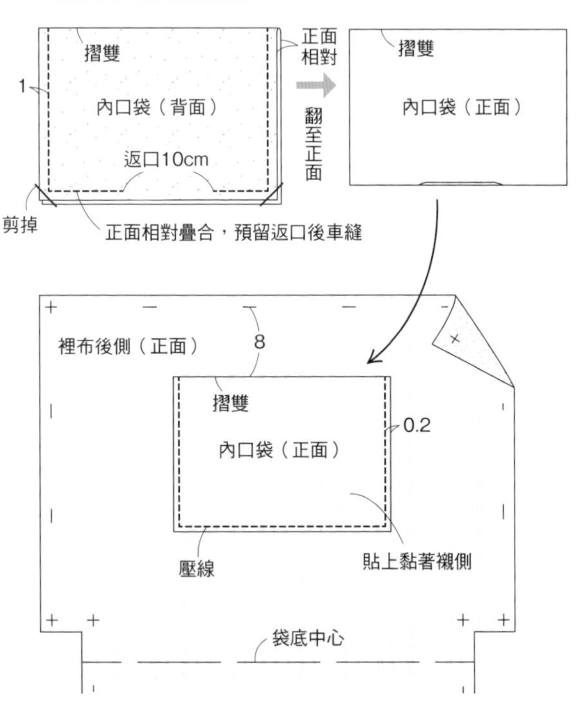

3 車縫表布與裡布的脇邊，袋底打角

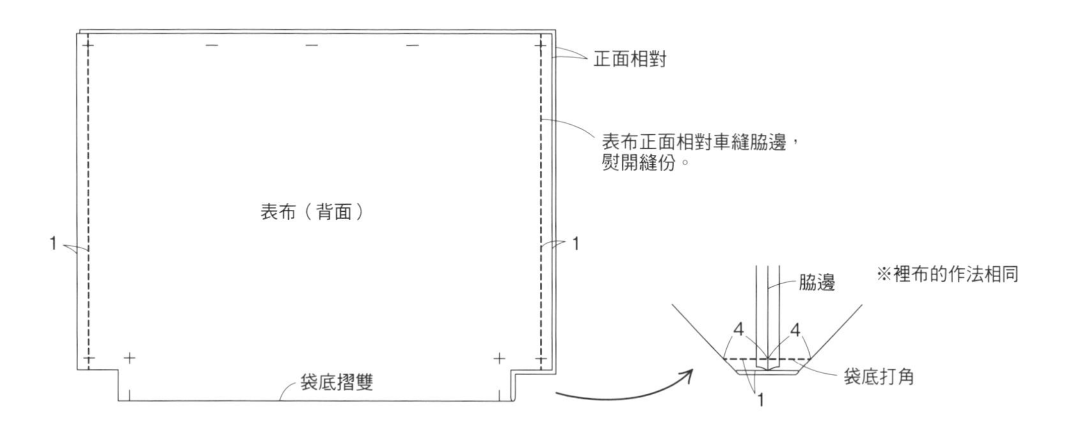

4 製作提把，疏縫於表袋的袋口

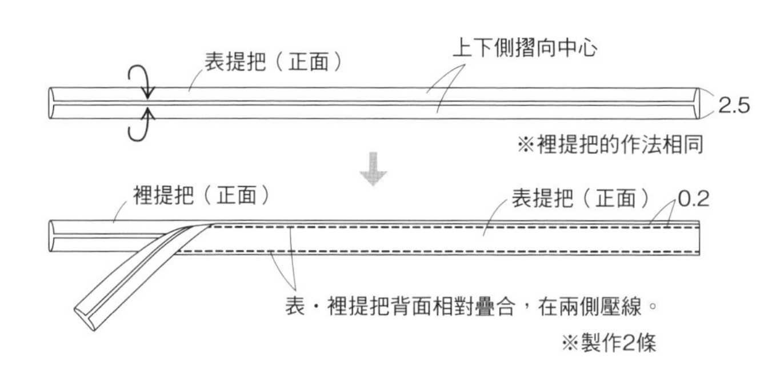

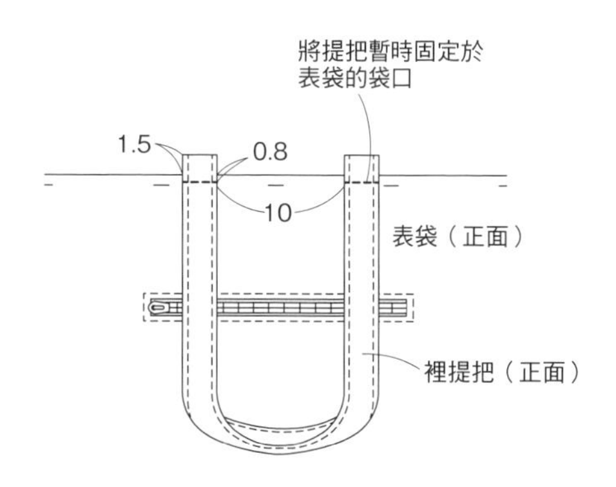

5 表袋與裡袋背面相對對齊

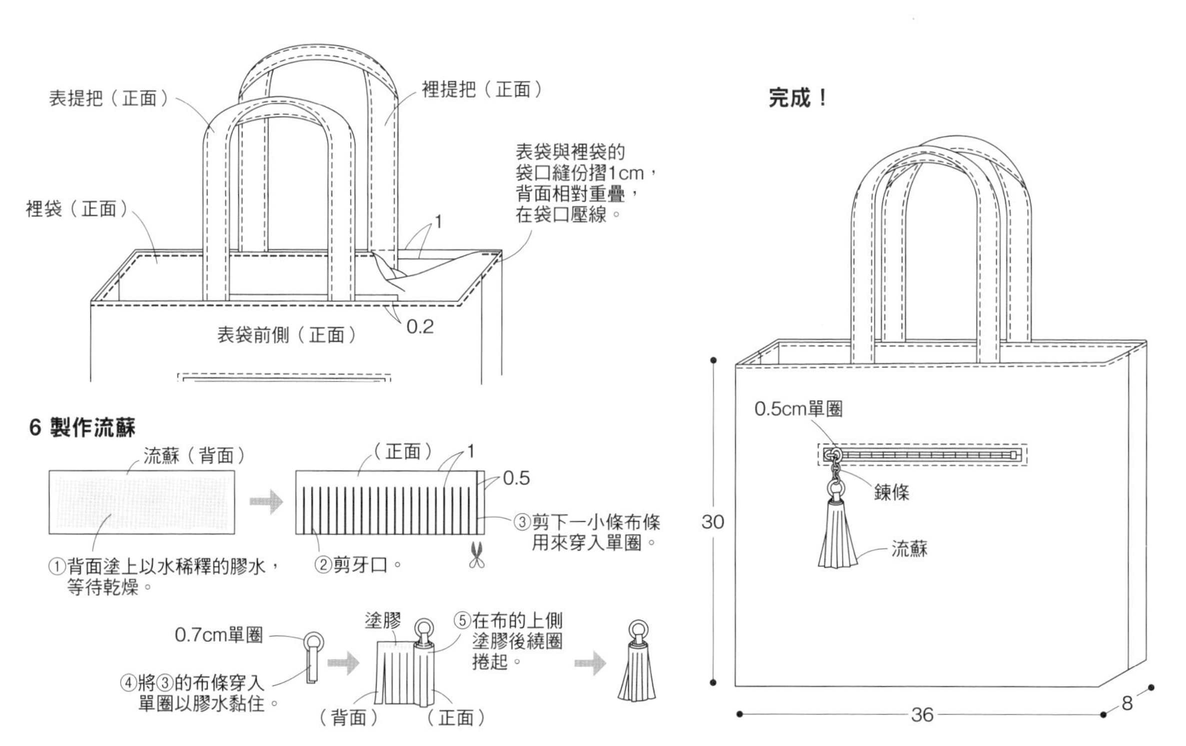

k.

口袋側背包

photo P.40

完成尺寸 高23×寬16×側身4cm

材料 棉麻布（花朵圖案）・亞麻布（紫色）各23×44cm、細麻布（花朵圖案）23×52cm、黏著襯46×44cm、20cm長金屬拉鍊（灰色・綠色）各1條、0.9cm寬皮革帶120cm、吊耳用皮革1×4cm 兩片、內徑1cm的D型環2個、內徑1cm鋅鉤2個、直徑0.7cm雙面鉚釘4組、蕾絲花片1片

裁布圖

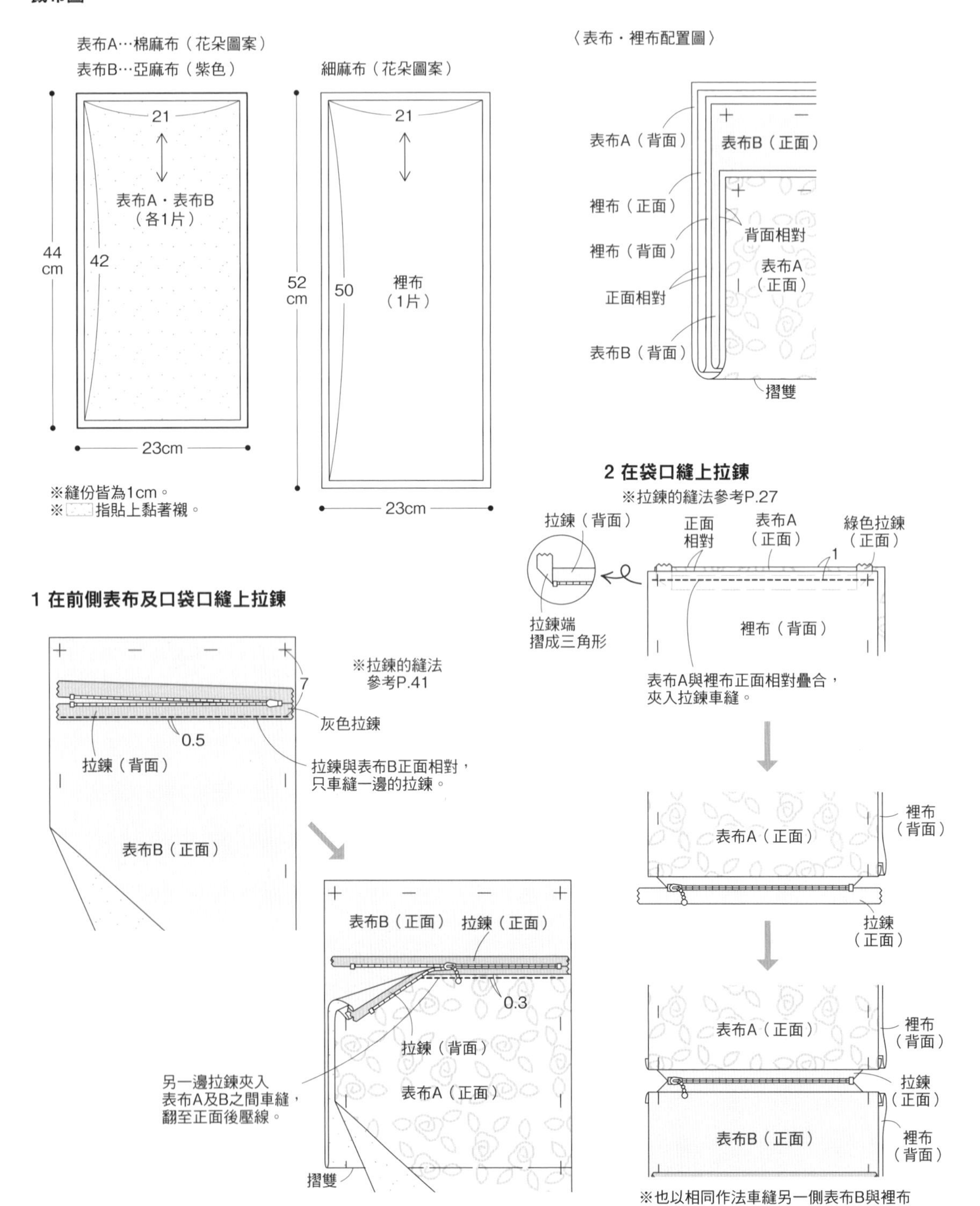

3 車縫脇邊，袋底打角

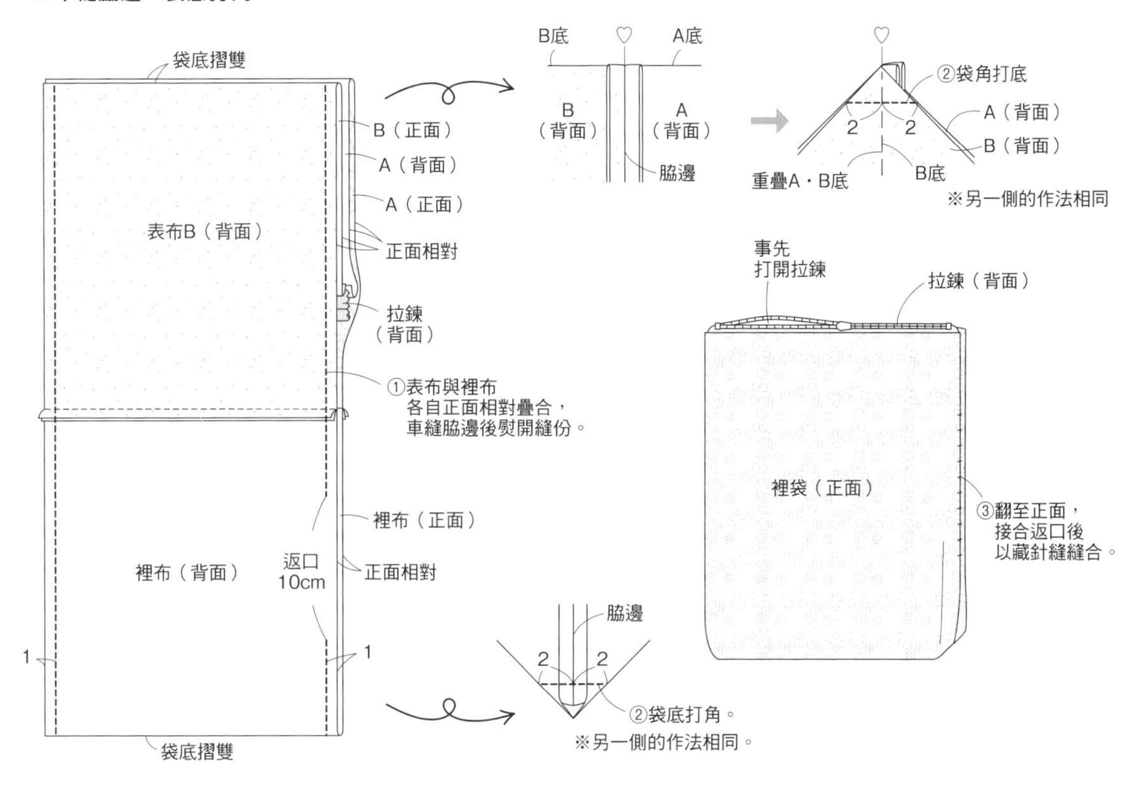

4 吊耳以鉚釘固定於本體

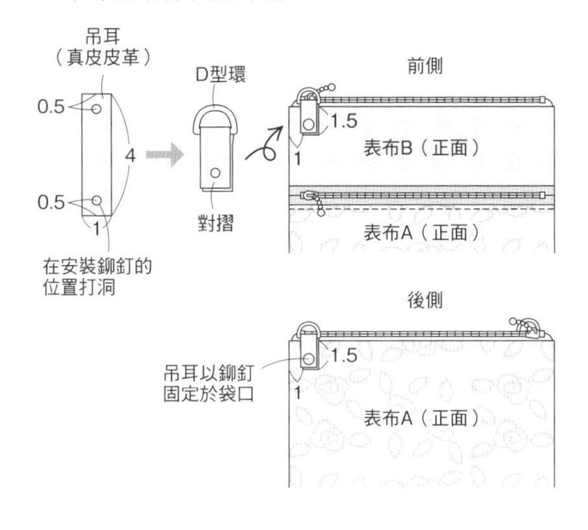

完成！

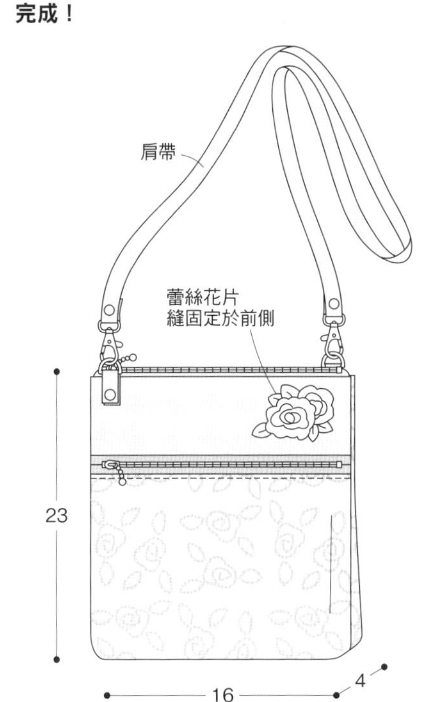

5 製作肩帶

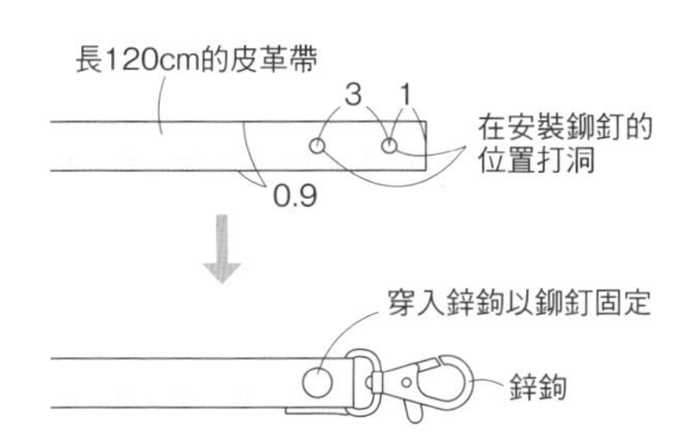

m.
打褶褲
photo P.50

完成尺寸（左起S/M/L/LL）
褲長（含腰帶）…86／87.5／89／90.5cm　腰圍…72／75／79／83cm
臀圍…98／101／105／109cm
材料　起絨細條紋布（灰色）112cm寬×200cm、黏著襯90×20cm、20cm長FLATKNIT®拉鍊1條、直徑1.5cm釦子1個
●原寸紙型A面m　m-1前褲管、2後褲管、3貼邊、4持出

裁布圖

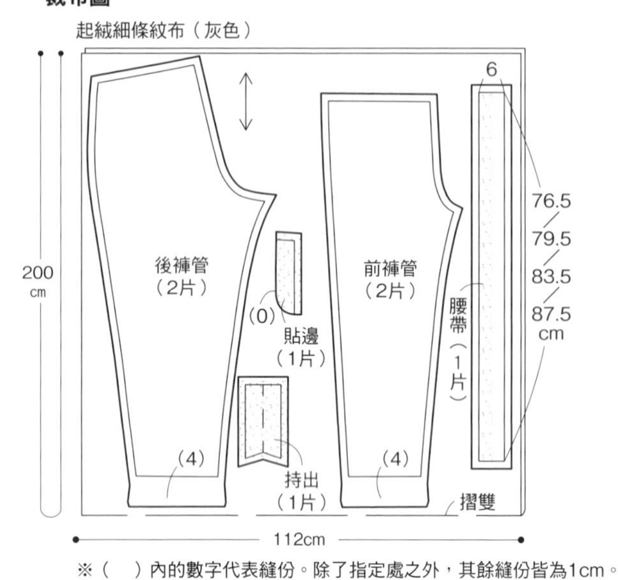

※（　）內的數字代表縫份。除了指定處之外，其餘縫份皆為1cm。
※　　　指貼上黏著襯。
※尺寸由上而下或由左自右為S／M／L／LL。

製作順序

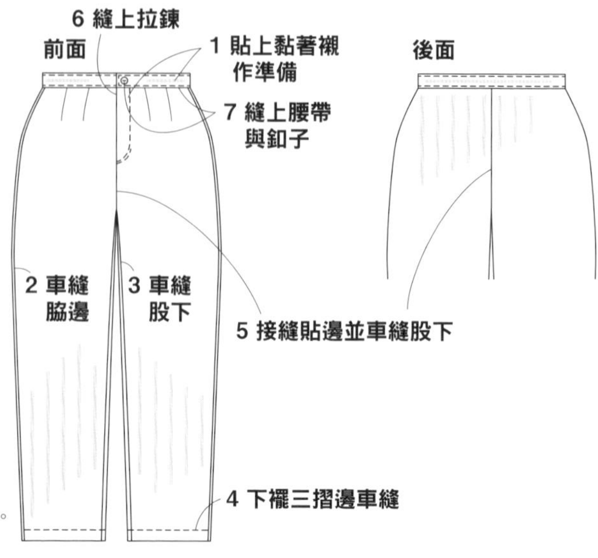

1 貼上黏著襯作準備

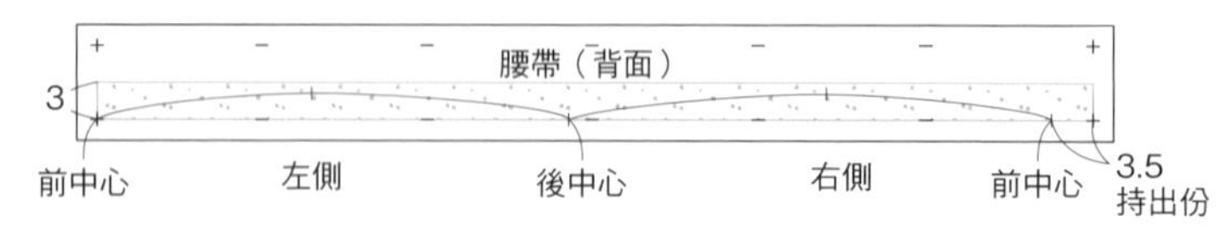

2 車縫脇邊

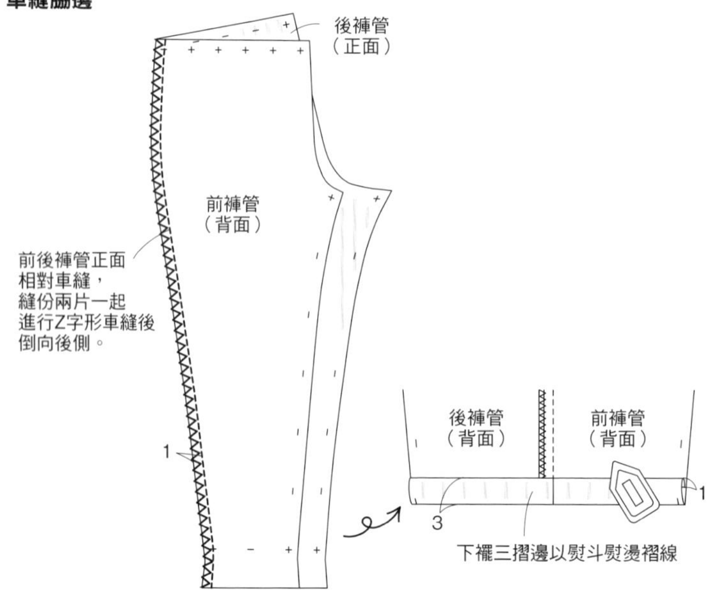

3 車縫股下

後褲管
（背面）
前褲管
（背面）
處理股下
的縫份
後褲管
（正面）
前褲管
（背面）
股下正面相對
車縫後熨開縫份

※右褲管的作法相同

4 下襬三摺邊車縫

前褲管
（背面）
3
下襬三摺邊車縫

5 接縫貼邊並車縫股下

※參考P.51

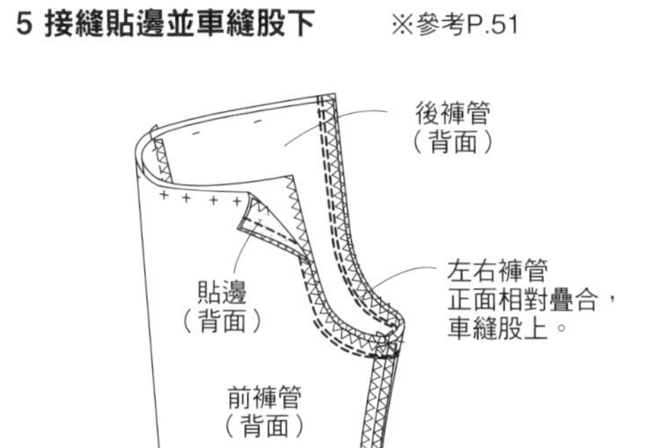

7 縫上腰帶與釦子

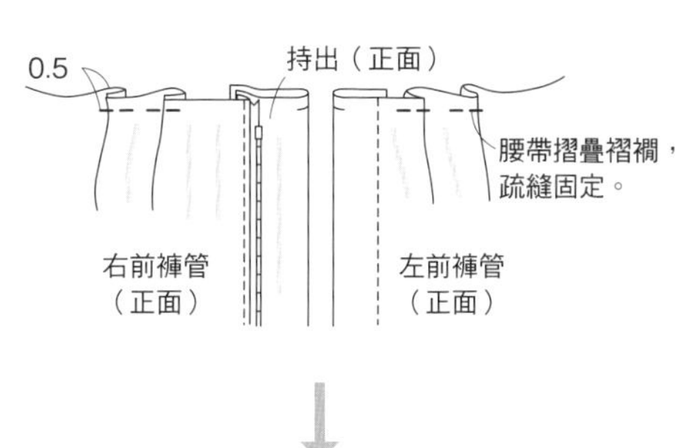

6 縫上拉鍊

※拉鍊的縫法
參考P.51至P.53

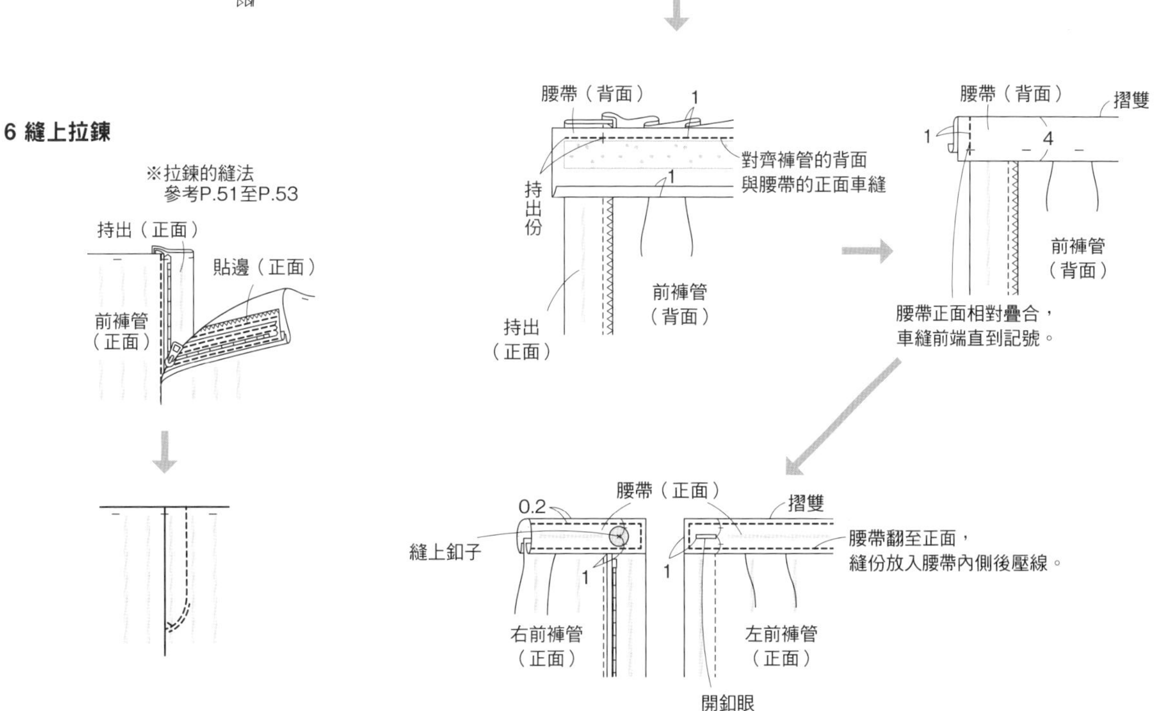

n.

公主線連身洋裝

photo P.54

完成尺寸（左起S/M/L/LL） 裙長…99／101.5／104／105cm 胸圍…92／95／99／103cm 腰圍…79.5／82.5／86.5／90.5cm

材料 梨面布（深藍色）112cm寬×255／265／270／270cm、絲織布4×4cm、黏著襯90×30cm、56cm長CONCEAL®拉鍊（隱形拉鍊）1條、平亮片（深藍色）・角珠・小圓串珠・大圓串珠各適量、直徑0.25・0.3・0.4cm珍珠各適量、直徑1.5cm鉤釦（凸側）1個

●原寸紙型B面n n-1前衣身、2前脇衣身、3後衣身、4後脇衣身、5前袖、6後袖、7袖口貼邊、8前貼邊、9後貼邊

裁布圖

梨面布（深藍色）

(1.2) 2 後衣身（2片） 前衣身（1片） (1.2) (1.5) (3) (3) 摺雙 (1.2) (1.2) (1.2) 後脇衣身（2片） 前脇衣身（2片） 255／265／270／270cm (3) (3) (0.8) 前貼邊（1片） (0) 後袖（2片） 前袖（2片） (1.2) (1.2) 後貼邊（2片） (0) (0.8) 袖口側 (0.5) (0) 112cm 袖口貼邊（2片）

※（ ）內的數字代表縫份。
除了指定處之外，其餘縫份皆為1cm。
※ 指貼上黏著襯。
※尺寸由上而下或由左自右為S／M／L／LL。

製作順序

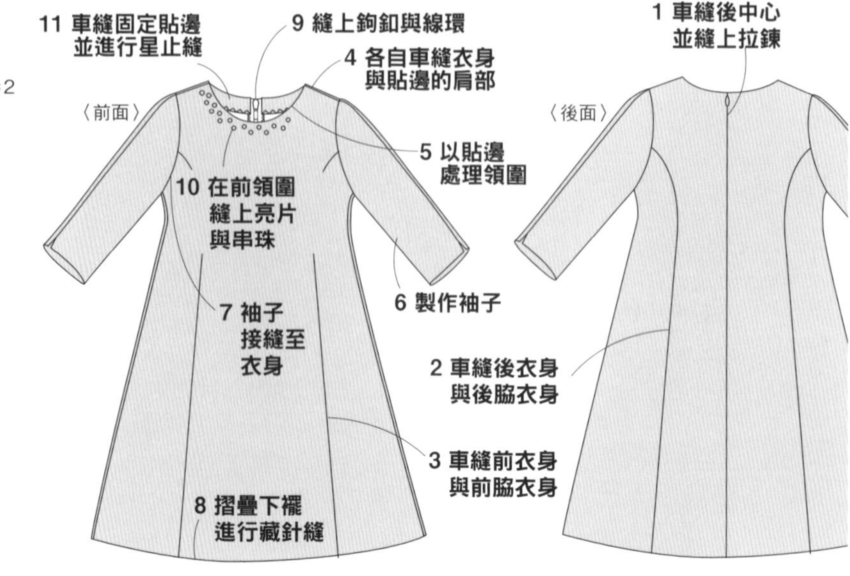

※領圍・袖襱・袖口以外的縫份進行拷克或Z字形車縫

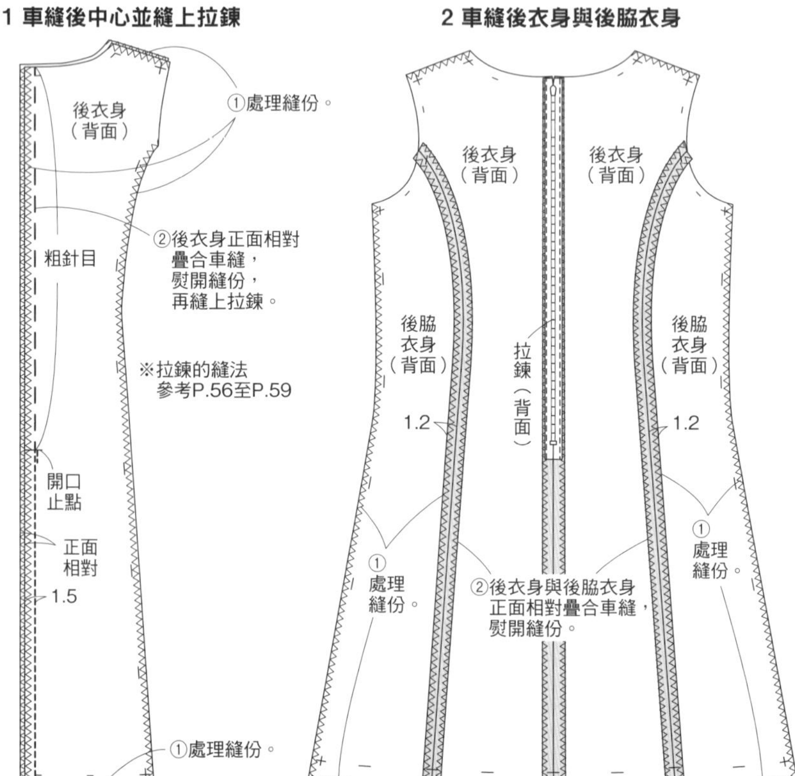

3 車縫前衣身與前脇衣身

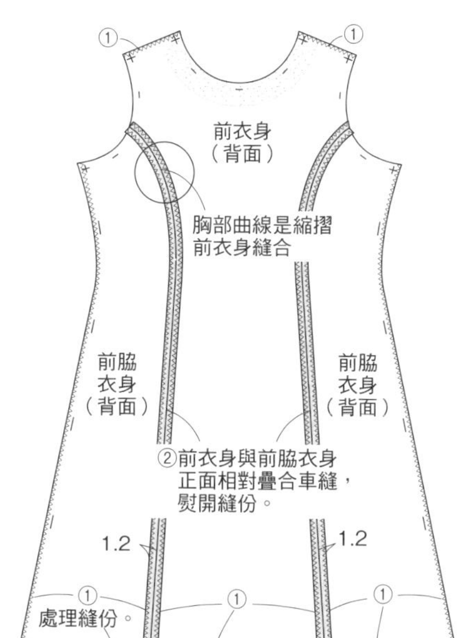

4 各自車縫衣身與貼邊的肩部

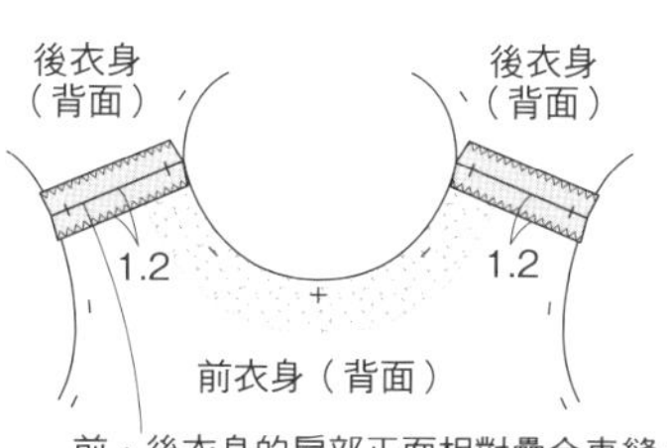

後貼邊（背面）　後貼邊（背面）　1　1　前貼邊（背面）　③處理縫份。　②前・後貼邊的肩部正面相對疊合車縫，熨開縫份。

5 以貼邊處理領圍

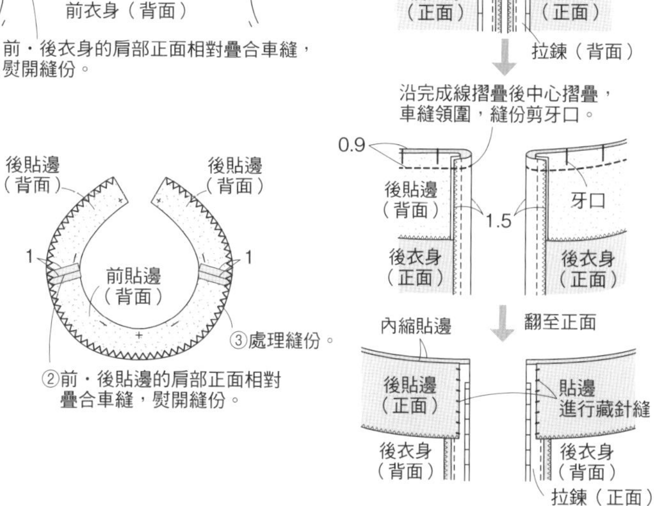

內縮貼邊　翻至正面　後貼邊（正面）　貼邊進行藏針縫　後衣身（背面）　後衣身（背面）　拉鍊（正面）

6 製作袖子

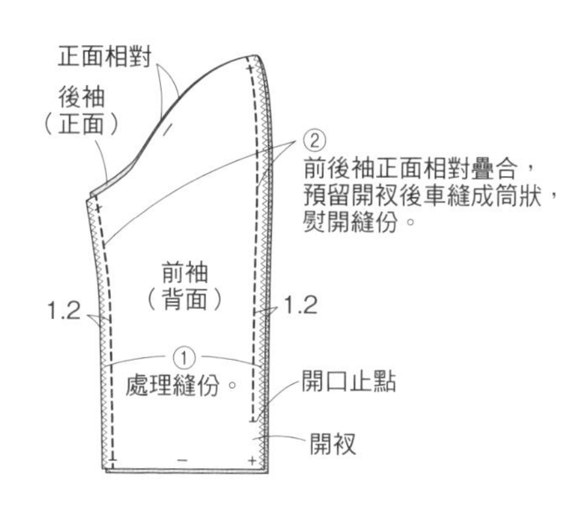

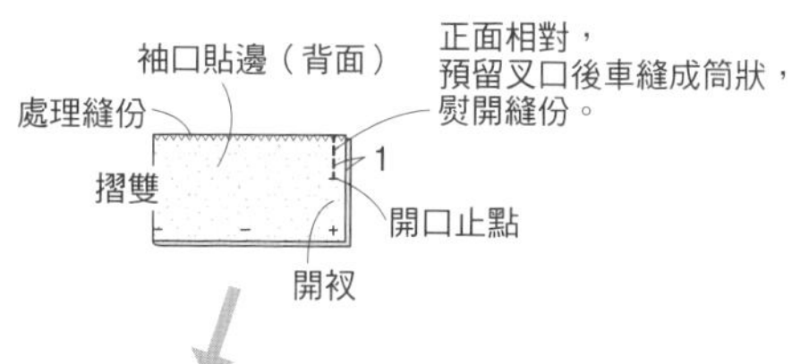

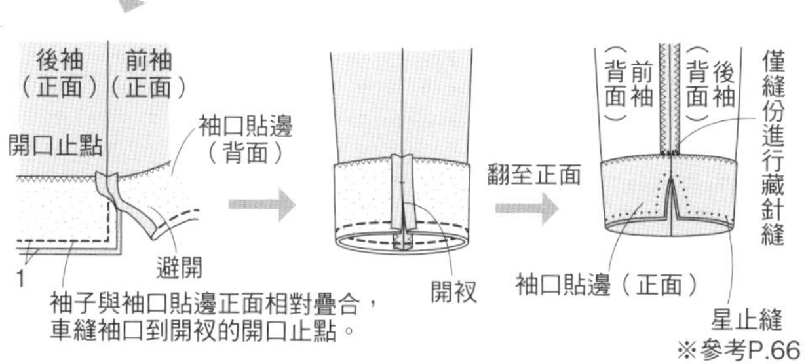

袖子與袖口貼邊正面相對疊合，車縫袖口到開衩的開口止點。

7 袖子接縫至衣身

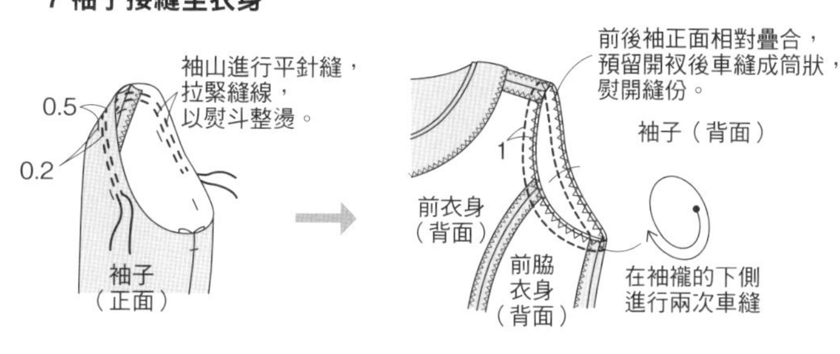

8 摺疊下襬進行藏針縫

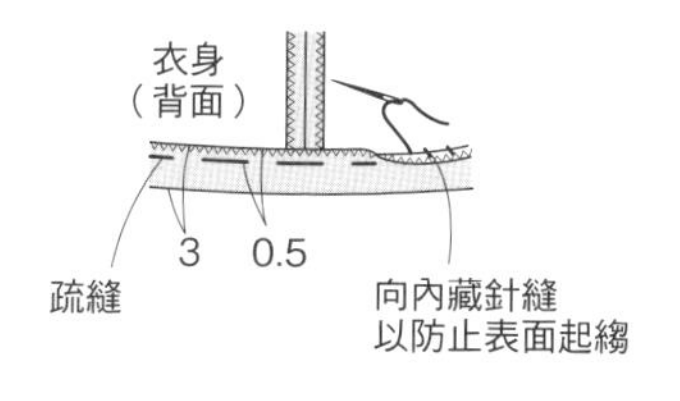

9 縫上鉤釦與線環

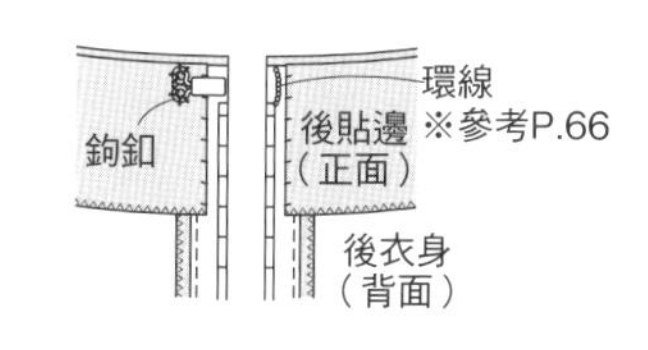

10 在前領圍縫上亮片與串珠

11 車縫固定貼邊並進行星止縫

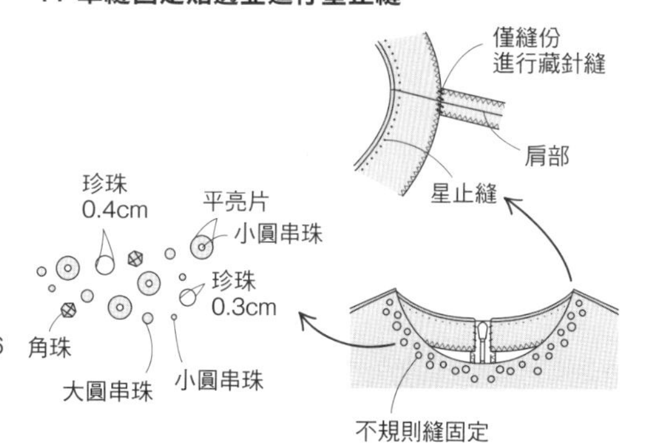

o.
無領外套
photo P.60

完成尺寸（左起S/M/L/LL）
衣長60.5／61.5／62.5／63.5cm　胸圍96／99／103／107cm
材料　立陶宛亞麻丹寧布145cm寬×135cm、黏著襯55×40cm、56cm長金屬拉鍊1條、4cm寬鬆緊帶34cm、直徑1.1cm五爪釦2組
●原寸紙型B面o　o-1前衣身、2後衣身、3袖子、4前貼邊、5後貼邊

裁布圖

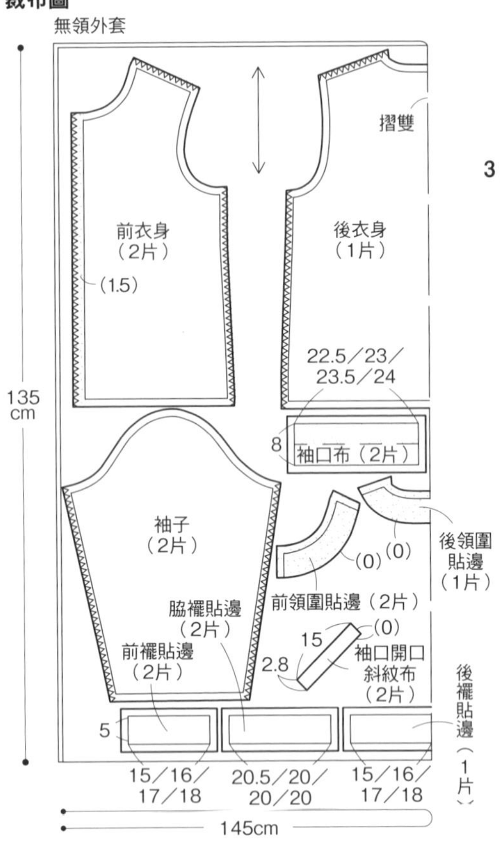

※（　）內的數字代表縫份。除了指定處之外，其餘縫份皆為1cm。
※▭指貼上黏著襯。
※〰指Z字形車縫。

製作順序

1 在指定處貼上黏著襯並處理肩部・脇邊・袖下・前端的縫份。

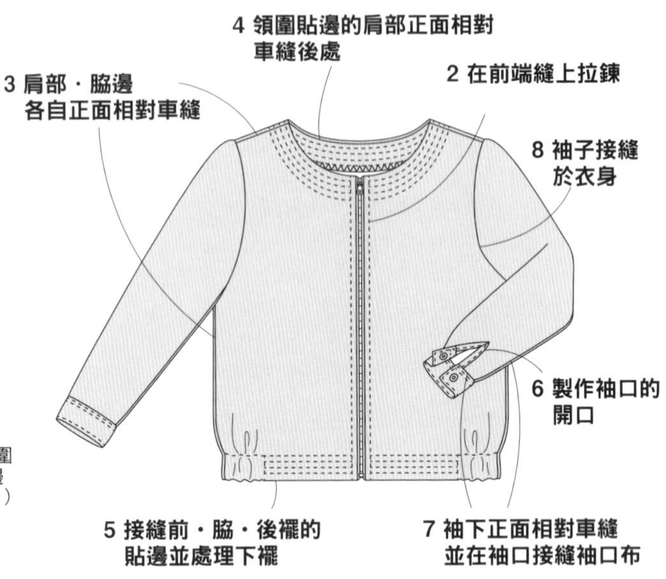

2 在前端縫上拉鍊

※拉鍊的縫法參考P.62

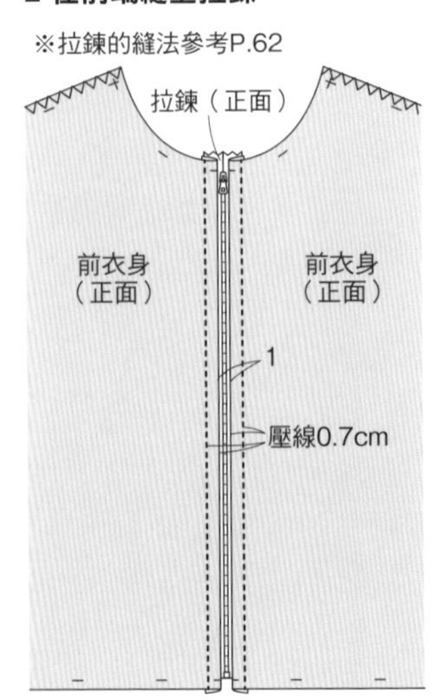

3 肩部・脇邊各自正面相對車縫

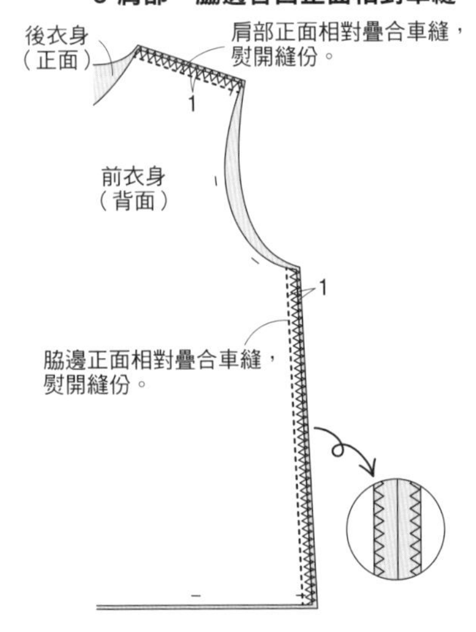

4 領圍貼邊的肩部正面相對車縫並處理領圍

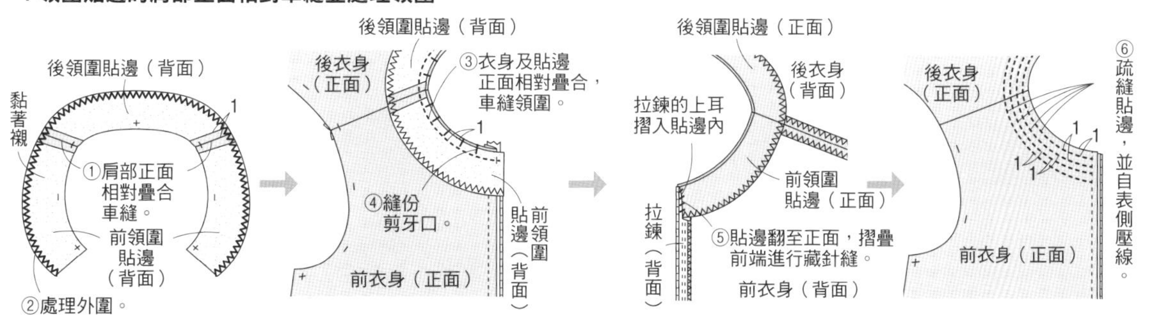

5 接縫前・脇・後襬的貼邊並處理下襬

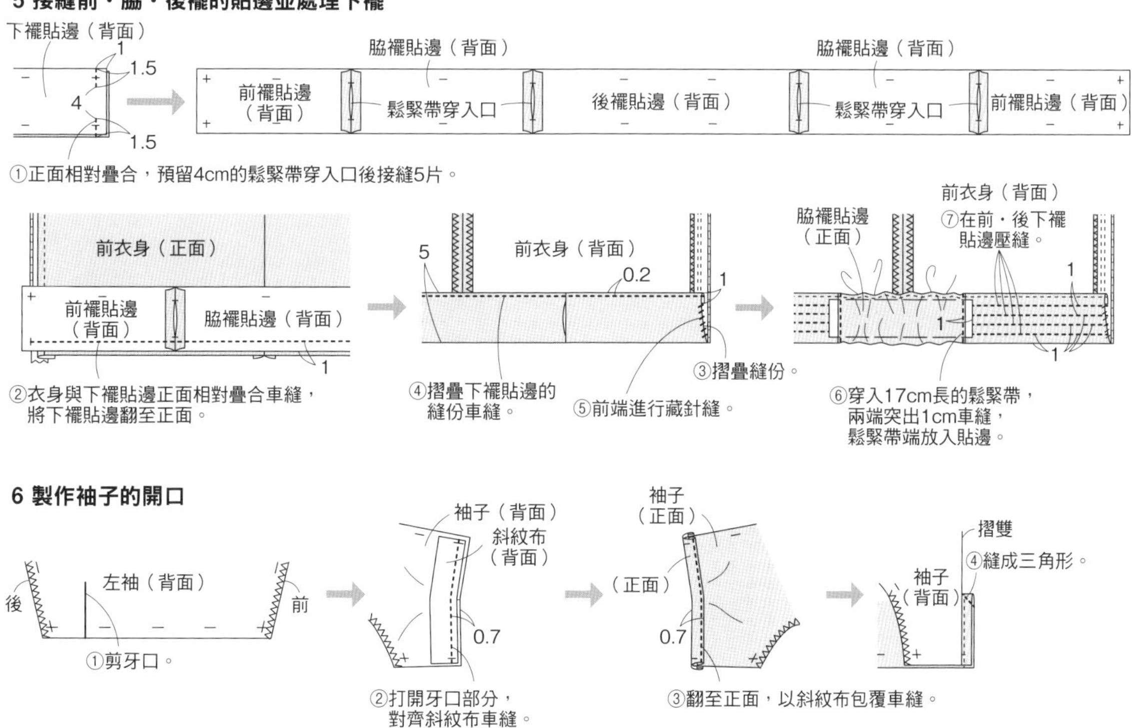

6 製作袖子的開口

7 袖下正面相對車縫並在袖口縫上袖口布

8 袖子接縫於衣身

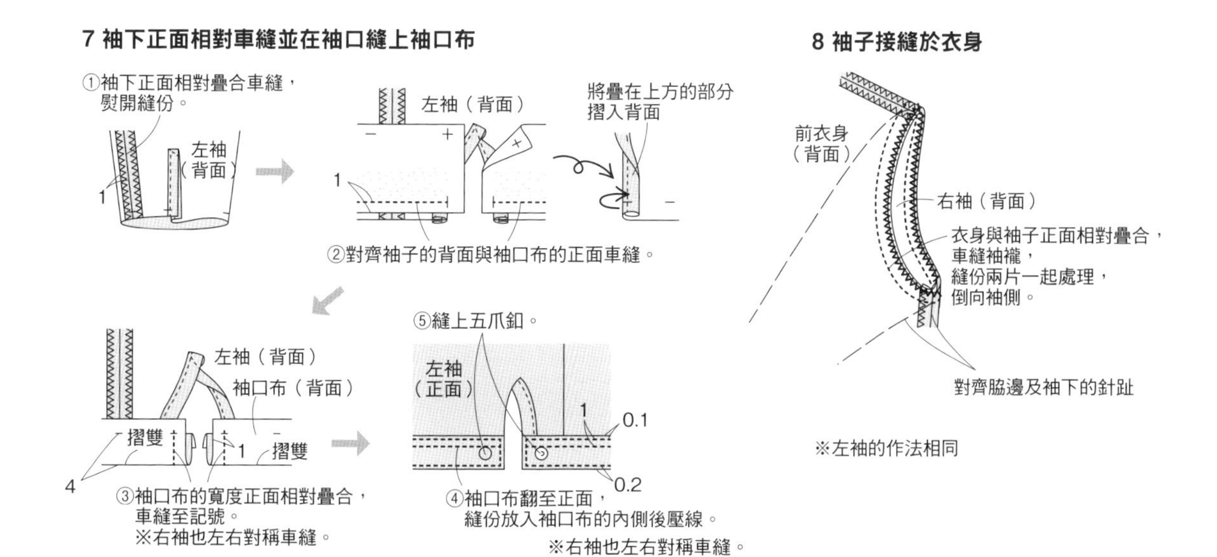

【FUN手作】112

一本制霸！再也不怕縫拉鍊
完美晉升手作職人の必藏教科書（暢銷版）
10款手作包拉鍊×4款洋裁拉鍊縫法All in one

授　　權／日本VOGUE社
譯　　者／瞿中蓮
發 行 人／詹慶和
總 編 輯／蔡麗玲
執行編輯／黃璟安
編　　輯／蔡毓玲・劉蕙寧・陳姿伶・陳昕儀
執行美編／周盈汝
美術編輯／陳麗娜・韓欣恬
內頁排版／造極彩色印刷
出 版 者／雅書堂文化事業有限公司
發 行 者／雅書堂文化事業有限公司
郵政劃撥帳號／18225950
郵政劃撥戶名／雅書堂文化事業有限公司
地　　址／220新北市板橋區板新路206號3樓
電　　話／(02)8952-4078
傳　　真／(02)8952-4084
網　　址／www.elegantbooks.com.tw
電子郵件／elegant.books@msa.hinet.net

2019年7月二版一刷　定價／380元

FASTENER NO HON (NV70334)

Photographer: Yukari Shirai,Noriaki Moriya,Makiko Shimoe
Designer of the projects in this book: Keiko Aoyama,Michiyo Ito,Yuka Koshizen,Yumiko Yasuda
Original Japanese edition published in Japan by Nihon Vogue Co., Ltd.
Traditional Chinese translation rights arranged with Nihon Vogue Co., Ltd. through Keio Cultural Enterprise Co., Ltd.

經銷／易可數位行銷股份有限公司
地址／新北市新店區寶橋路235巷6弄3號5樓
電話／（02）8911-0825
傳真／（02）8911-0801

國家圖書館出版品預行編目資料

一本制霸!再也不怕縫拉鍊：完美晉升手作職人の必藏教科書 / 日本VOGUE社授權；瞿中蓮譯.
-- 二版. -- 新北市：雅書堂文化, 2019.07
面；　公分. -- (Fun手作；112)
譯自：ファスナーの本
ISBN 978-986-302-497-2(平裝)
1.手提袋 2.手工藝

426.7　　108007911

Design & Make

青山恵子
http://www.needlework-tansy.com/

May Me 伊藤みちよ
http://www.mayme-style.com/

越膳夕香
http://www.xixiang.net/

NEEDLEWORK LAB 安田由美子
http://mottainaimama.blog96.fc2.com/

拉鍊提供・取材協助
YKKファスニングプロダクツ販売株式會社
http://www.ykkfastening.com/japan/

工具・布料協助
大塚屋
オカダヤ新宿本店
（株）KAWAGUCHI
クロバー（株）
Fabric bird http://www.rakuten.ne.jp/gold/fabricbird/
Needlework Tansy

Staff

攝影 • 白井由香里（扉頁及作法步驟）
森谷則秋（作法步驟）
下江真貴子（作法步驟）
設計 • アベユキコ
作法解說 • 吉田晶子
紙型排版・描繪 • 有限會社セリオ
製圖 • 株式會社ウエイド手藝製作部
編輯 • 加藤みゆ紀

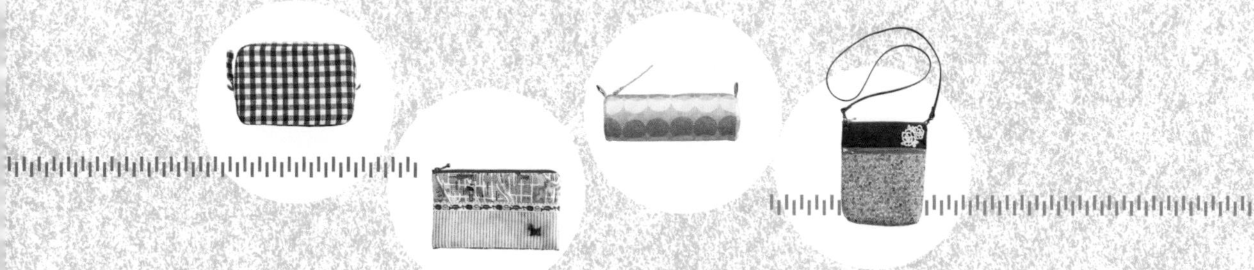

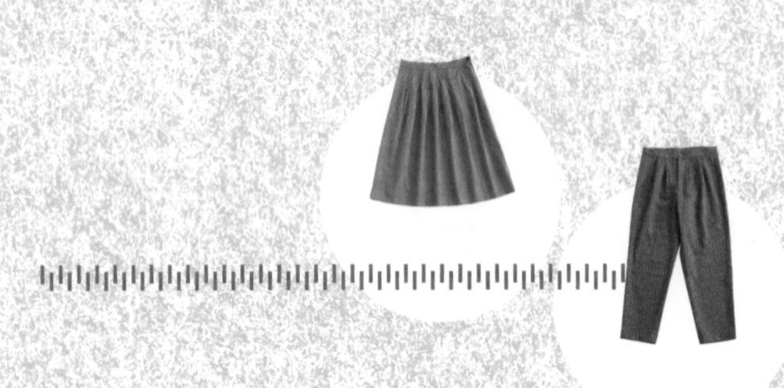

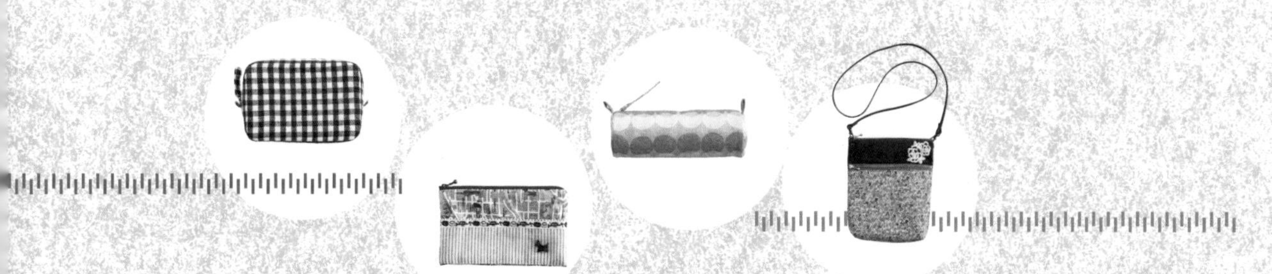

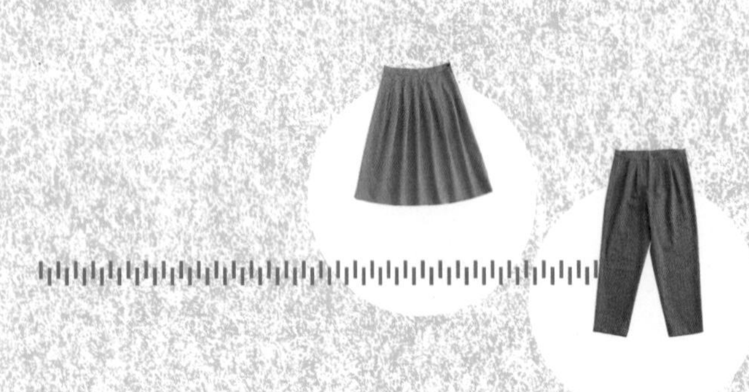